BEITRÄGE

ZUR

LEHRE ÜBER DIE WURZELKRAFT.

BEITRÄGE

ZUR

LEHRE ÜBER DIE WURZELKRAFT

(BEWEGUNG DES WASSERS IN DER PFLANZE)

VON

Dr. Alexis HORVATH.

STRASSBURG.
VERLAG VON KARL J. TRÜBNER.
1877.

Wenn man heute an den Physiologen die Forderung stellte, irgend etwas Belehrendes über die Physiologie zu sprechen mit der Bedingung, dass vom Frosch, Kaninchen, Hund oder Katze dabei keine Rede sein solle, so würde wohl mancher berühmte Physiologe nicht viel zu erzählen wissen.

Noch weniger oder gar Nichts würden diese Physiologen sagen können, wenn man dabei von ihnen etwas Vergleichendes über die physiologischen Vorgänge bei den Pflanzen verlangte.

Das Gesagte kennzeichnet kurz und klar die Lage und die Richtung unserer jetzigen Physiologie; wohin aber eine solche Richtung führen kann, soll folgendes andeuten:

Ein Schüler des berühmten Leipziger Physiologen Ludwig, — Cyon — sagt in seiner Physiologie, an die Pflanzen denkend: «Die Thiere könnten ohne Nahrung fortleben, wenn sie die Fähigkeit besässen sauerstoffhaltige Substanzen zu zerlegen.» Demselben gab das Nichtkauen und Nichtwehschreien der hungernden Pflanzen Veranlassung zu glauben, dass die Pflanzen keine Nahrung aufnehmen und auch keiner bedürfen.

Ein anderer Schüler Ludwigs (Wladimir Betz, Prof. in Kieff) schrieb fast zu gleicher Zeit: Die Bacterien seien hoch organisirte Thiere, haben ein Schwänzchen etc.

Die Bewunderung solcher Ideen überlassen wir der hohen Schule, wo diese jungen Gelehrten dieselben gehört und sich angeeignet haben; wir haben diese Beispiele angeführt, um einen kleinen Beweis zu liefern, dass unsere jetzige Physiologie eher eine partielle Physiologie von einigen wenigen Thieren ist, als eine allgemeine Physiologie, für welche sie von Manchen ausgegeben wird, und wollten damit zeigen, welche kläglichen Ideen Physiologen aussprechen können, wenn es sich um etwas Anderes handelt, als den nervus Ischiadicus zu kneifen.

Man kann eine grosse Zahl der heutigen Naturforscher in zwei Gruppen theilen: in solche, die das Entstehen der Thiere aus Pflanzen anerkennen, und solche, die es leugnen. Könnte man von beiden Gruppen die Gründe für ihre Ansicht hören, so wäre das ein Mittel zu erfahren: einmal, welche Nachtheile aus der Entfremdung der Thierphysiologen von der Botanik entstanden sind und dann auch, welche Vortheile die Bekanntschaft mit beiden Wissenschaften gewähren kann.

Die zu einseitige Entwickelung der modernen Physiologie erweckte in mir seit längerer Zeit den Wunsch, einen etwas allgemeinen Ueberblick über diese Wissenschaft zu gewinnen und veranlasste mich mit Pflanzenphysiologie mich zu beschäftigen.

Die gütige Aufnahme und das freundschaftliche Entgegenkommen, welche ich seitens der Botaniker genoss, haben mir die Erfüllung meines lang gehegten Wunsches ermöglicht und erleichtert.

Auf diese Weise kam ich, obgleich Arzt, zu der Untersuchung eines botanisch-physiologischen Vorganges, der sogenannten Wurzelkraft. ([1])

Dass die Birke, der Ahorn, die Weinrebe, die Sonnenblume und viele andere Pflanzen, zu gewissen Zeiten abgeschnitten, viel Flüssigkeit aus der Wunde ausströmen lassen, ist eine längst bekannte und von Vielen mehrfach untersuchte Thatsache.

Es ist kaum ein nennenswerther Botaniker der letzten 150 Jahre, welcher sich nicht mit dieser Erscheinung auf irgend eine Weise mehr oder weniger beschäftigt hätte. Die vielen davon handelnden Arbeiten bestätigen das Gesagte.

Wie gross dabei immer der Wunsch war, die Erscheinungen der Wurzelkraft zu erklären, ist auch aus dem Umstand zu ersehen, dass jede einigermassen oder nur

---

([1]) Das Wort «Wurzelkraft» wird in dieser Arbeit gebraucht ganz einfach als Ausdruck für den Complex von Erscheinungen, welche bei thränenden Pflanzen sich zeigen und also in demselben Sinne, in welchem dieser Ausdruck früher von Vielen angewendet wurde.

scheinbar passende Thatsache, die man in der Physik oder Chemie fand, gleich auf das Gebiet der Lehre von der Wurzelkraft übertragen wurde. So geschah es mit den Experimenten des berühmten Physikers Jamin. Die Aehnlichkeit einer gefüllten Jamin'schen Glasröhre mit den Gefässen der Pflanze insofern, als beide Capillarröhren darstellen, in beiden ein kranzartiges Gemenge von Luftblasen und Wassertheilchen sich befindet, gab Vielen Hoffnung, durch sie die Wurzelkraft zu erklären.

Als aber die Jamin'schen Versuche zeigten, dass ein solches Gemenge in Capillarröhren einen grösseren Widerstand bietet, als eine gleich lange Säule von Wasser oder Luft für sich genommen, so wurde diese Hoffnung herabgestimmt, denn den Botanikern musste es leichter erscheinen, zur Erklärung der Wurzelkraft eine kleine wassertreibende Kraft zu finden, als eine grosse, wie sie nach Jamin'schen Versuchen für nöthig sich erwiesen hat.

Seit längerer Zeit wurde angenommen, dass das Wasser für das Leben der Thiere nothwendig sei; die wichtige Rolle aber des Wassers für das Leben der Thiere wurde erst später besser erkannt, nachdem Bezold zur allgemeinen Ueberraschung gezeigt hatte, dass, so verschieden die höheren Thiere oder ihre Bestandtheile unseren Augen erscheinen, so doch ihr Gehalt an Wasser in einer constanten quantitativen Beziehung zu den festen Bestandtheilen steht.

Bei den Pflanzen ist die Bedeutung des Wassers für ihr Leben auch längst anerkannt, aber ihre nähere physiologische Beziehung zu einander ist noch weniger wie bei Thieren aufgeklärt.

Es braucht kaum vieler Ueberlegung, um zu sehen, dass die wassertreibende Eigenschaft der Wurzeln von thränenfähigen Pflanzen dazu dient, um die Wasserzufuhr für die betreffende Pflanze zu besorgen.

Von dieser Seite betrachtet kann die Wurzelkraft immer als ein wesentlicher Theil der wichtigen aber wenig bearbeiteten Probleme der Beziehungen der Pflanze zum Wasser angesehen werden.

Die Leichtigkeit, mit welcher alles, was an Wasseraufnahme, Wasserbewegung etc. in der Pflanze sich knüpft, sich in die Lehre über Wurzelkraft einfügt und hinwiederum, wie sich alles bei Wurzelkraft-Versuchen dem an die Beziehungen des Wassers zur Pflanze Beobachtete anpasst, bestärkt die Richtigkeit der eben ausgesprochenen Ansicht.

Man muss dabei staunen, wie wenig bis jetzt die daran sich unmittelbar anknüpfende Frage berührt wurde: was eigentlich mit dem Stamme einer Pflanze durch die wirksame Thätigkeit der Wurzelkraft geschehen solle.

Sachs hat gezeigt, dass ein starker Wurzeldruck einen beschleunigenden Einfluss auf die Entwickelung der Knospen habe; diese Thatsache ausgenommen, ist der Wurzelkraft keine weitere Rolle zugeschrieben, als die einer Nebenhelferin für die Pflanze, um bei zu grosser Transpiration derselben das Wasserdeficit zu decken.

In gegenwärtiger Arbeit ist gerade die Aufmerksamkeit vorwiegend gelenkt auf die Folgen und den Einfluss, welchen ein fortdauernder Wurzeldruck auf die aus der Erde hervorragenden Theile der thränenden Pflanze bewirkt.

Es wäre zu weitläufig und überflüssig, hier die sämmtliche Literatur über die Wurzelkraft anzuführen; doch will ich, um meine Arbeit leichter verständlich zu machen, einige Theorien und Hauptmomente dieser Lehre hier anführen.

Von allen den verschiedensten Theorien, welche über die Wurzelkraft aufgestellt sind, ist die von Hofmeister die gangbarste.

Wird ein Glasrohr, welches unten mit einer thierischen Membrane geschlossen ist, ein wenig mit einer gesättigten Salzlösung gefüllt und dann das geschlossene Ende desselben vertical ins Wasser gesetzt, so steigt bekanntlich die Flüssigkeit sehr bald in der Glasröhre über das Niveau der Wasserfläche (Diffusions-Zelle).

Hätte man in diese Röhre in gewisser Distanz von einander eine Anzahl Scheidewände gesetzt, wobei die Durchlässigkeit dieser Wände in aufsteigender Richtung zunimmt, so hätten wir eine Reihe von künstlichen Zellen und ein

Schema, welches nach Hofmeister die Erscheinung der Wurzelkraft nachahmt, bekommen. (Hofmeister hat bei seinen Versuchen Gummi statt Salze gebraucht.) Schon lange vor Hofmeister wurde die Meinung aufgestellt, dass die Wurzelkraft auf einer Anziehungskraft des Wassers durch eine concentrirte Saftlösung der Pflanze allein beruhe. Als es bewiesen wurde, dass die aus der abgeschnittenen thränenden Pflanze strömende Flüssigkeit zu wenig concentrirt ist, um Wasser stark anziehen zu können und dass sie sich in ihrer Concentration nicht ändert, wie es bei der Diffusion doch geschehen müsste, so wurde diese Theorie als eine unrichtige aufgegeben.

Das Einsetzen von Hofmeisterischen Scheidewänden mit verschiedener Durchlässigkeit in das Rohr der altbekannten Diffusionszelle (was unberechtigt ist insofern, als anatomisch solche Wände weder bewiesen noch überhaupt angedeutet sind) hat die Sache so verdunkelt, dass man, anstatt in dem Hofmeisterischen Schema die altbekannte und verworfene Theorie zu erblicken, dasselbe als etwas Neues und die Wurzelkraft Erklärendes aufnahm.

Einen zweiten Erklärungsversuch hat Sachs gemacht, indem er sagt, dass die Wurzelkraft in letzter Instanz auf Capillarität beruhe. (1)

Da Sachs nicht weiter erklärt, wie man sich die Wirkung der Capillarität vorstellen soll, um die Wurzelkraft damit erklären zu können, so wird der Sache wenig geholfen, wenn statt des unverständlichen Ausdrucks « Wurzeldruck » das Wort Capillarität oder Diffusion figurirt, um so mehr, als man von der sich unhaltbar erwiesen habenden Hofmeisterischen Theorie ebenso richtig sagen kann, sie beruhe auf Capillarität und Diffusion (im weiten und im engen Sinne des Wortes). Ebenso wenig wie diese Sachs'sche können auch die Erklärungen von manchen anderen Autoren als

---

(1) Siehe Sachs Lehrbuch der Botanik S. 550, wo gesagt ist: «So viel erscheint gewiss, dass es sich hier in letzter Instanz immer um Capillaritäts- und Diffusionswirkungen (in weitestem Sinne des Wortes) handelt.»

solche angenommen werden, in welchen die Autoren durch eine neu eingeführte Benennung für die Wurzelkraft das Phenomen selbst erledigt zu haben dachten.

So machte es in der letzten Zeit auch Baranetzky, der zu den vielen schon gebrauchten Benennungen von Wurzelkraft Bluten, Thränen, Wurzeldruck, ohne jeden Grund noch die des Weinens eingeführt hat; (siehe seine Doctor-Dissertation über die Periodicität des Weinens, russisch.)

Die übergrosse Nachsicht, mit welcher die unhaltbarsten Theorien über die Wurzelkraft aufgenommen wurden und manches andere über die Wurzelkraft Angestellte, lässt sich nur durch den lebhaften Wunsch und die anerkannte Schwierigkeit derselben näher zu kommen, genügend erklären.

Wie wenig aber trotz aller Bemühungen die Lehre über die Wurzelkraft vorgeschritten ist, lässt sich auch leicht daraus ersehen, dass die Untersuchung darüber von Hales, welche circa 150 Jahre vor uns geschrieben ist, noch die Wagschaale im Gleichgewicht halten kann gegen sämmtliche bis in unsere Zeit darüber geschriebenen Arbeiten (die des Wiener Physiologen Brücke mit seinem Aufruf an alle Weinhändler mitgerechnet). Trotz der geringeren Mittel sind die Versuche von Hales bei ihrer Einfachheit so musterhaft, sinnreich und stark beweisend, dass sie bis jetzt von Niemandem in dieser Hinsicht übertroffen wurden, obgleich die neuesten Untersuchungen mit pompösen Apparaten und vielen Mitteln ausgestattet sind.

Liest man die neueren Untersuchungen über die Wurzelkraft, so kann man dabei nicht genug dem englischen Forscher Hales Lob spenden und sich des beengenden Gefühles nicht erwehren, welches die modernen Arbeiten in uns erwecken. Als Beispiel für das Gesagte will ich eine solche moderne Arbeit, die von Baranetzky, kritisch hier vornehmen. ([1])

([1]) Untersuchungen über die Periodicität des Blutens der krautartigen Pflanzen und deren Ursachen von J. Baranetzky, Prof. an der Universität Kieff. Mit 6 Tafeln. Halle, 1873. (In der russischen Ausgabe statt: «des Blutens» „des Weinens.“)

Baranetzky hat eine bei den Experimenten über die Wurzelkraft oft beobachtete und auch von Hofmeister näher erörterte Erscheinung bearbeitet, nämlich die der Periodicität des Ausfliessens des Saftes bei thränenden Pflanzen. Es liegt so ziemlich auf der Hand, dass Derjenige, der die Ursache der Wurzelkraft darlegen, auch die sie begleitende Periodicität des Thränens leicht erklären wird, und dass es also richtiger wäre mit der Hauptursache des Thränens, als mit der nebensächlichen Periodicität desselben eine Untersuchung zu beginnen.

Statt die Wurzelkraft zu untersuchen, begann Baranetzky die Untersuchung über die begleitenden und die Sache wenig erklärenden Nebenumstände der Wurzelkraft; ein Weg, der schwer ist und nur dann entschuldigt werden kann, wenn durch ihn die Wurzelkraft dargethan wäre, was Baranetzky doch nicht gelungen ist.

Um jeden Tropfen oder dessen Theil, welcher aus der thränenden Pflanze heraustrat, zu fangen und zu messen, bediente sich Baranetzky dreier von ihm construirter aber nur auf zwei Principien beruhender Apparate, «Selbstvertheilende» genannt. (Seite 24.)

Um die Temperatur der Erde im Topfe zu bestimmen, begnügt sich Baranetzky nicht mit einem gewöhnlichen Thermometer, sondern gebraucht dazu einen sehr feinen, welcher noch $^1/_{100}$ von 1^0 Celsius angiebt (Seite 29). Indem er ein solches Thermometer in die Erde des Topfes setzt, glaubt er, dass diejenige Temperatur, welche das Thermometer anzeigt, die Temperatur der Erde überall im Topfe sei.

Wer nur ein wenig kennt, wie schwer es ist in allen Theilen einer Flüssigkeit eine (bis auf $^1/_{10}$ Grad grosse Differenz) gleiche Temperatur in einem Gefässe zu erhalten, der wird Denjenigen bedauern, der behauptet, (S. 29) dass zwei neben einander stehende Töpfe, welche mit Erde gefüllt sind, überall in den Töpfen die gleiche Temperatur haben bis auf $^1/_{100}$ Grad, wie es das in den einen Topf gesetzte feine Thermometer anzeigt.

Weiter macht Baranetzky aus Versuchen an drei

Pflanzen, die im Topfe gezogen und dann im dunklen Zimmer gehalten wurden, Gesetze, nach welchen das Ausfliessen des Saftes bei Pflanzen in Polargegenden geschehen müsse. (Seite 19.)

Nach diesen Schlüssen ist es nicht mehr weit davon, ebensolche Aufschlüsse über die Periodicität auf dem Monde von Herrn Baranetzky zu hören.

Wie will denn Herr Baranetzky die vorkommende Frühjahrs-Periodicität des Thräneus bei einer Weinrebe erklären, bei welcher die Knospen zur Thränzeit noch ganz unentwickelt waren und bei welcher vor wie nach der Periodicität des Thränens die Weinrebe keine Sonnenstrahlen erhalten hatte, da der Himmel jene ganze Zeit bewölkt war?

Soll denn die Weinrebe in diesem Falle ebenso wie die Sonnenblume eine Erinnerung haben an die Beleuchtung, die die abgefallenen Blätter der Pflanze noch im Herbste des vorigen Jahres oder im Winter die Pflanze selbst bekommen hatte? Ein solch langes und präcises Gedächtniss der Pflanze müsste ja, bevor es behauptet wird, untersucht werden, von Herrn Baranetzky umsomehr, als er auch im Besitze eines Zimmers war, welches von Physikern sehr gewünscht aber noch von Keinem gesehen wurde, in welchem nämlich die Temperatur während 24 Stunden oft nicht über 0,3° C. schwankte. (S. 28.)(¹)

Baranetzky, welcher das Wasser als Tropfen sogar bis auf $^1/_{100}$ Cc. (Seite 19) zu sammeln und zu messen sich bemüht,(²) erreicht diesen Zweck nicht, indem von ihm die bei seinen Versuchen stattgehabte Verdunstung der Flüssigkeit nicht genügend gewürdigt wird und die Genauigkeit seiner Angabe daher Bedenken erweckt.

Die ziemlich voluminöse und modern aussehende (mit Curven ausgestattete) Arbeit bietet nichts anderes dar, als eine tropfenweise Wiedergabe der schon bekannten Hofmeisterschen Angaben über die Periodicität des Thränens.

(¹) Es wäre interessant, die Mittel zu kennen, durch welche Beranetzky diese Angaben gewonnen hat.

(²) Während eines ganzen Tages war die ausgeschiedene Menge Wasser pro Stunde nicht grösser als 0,025 Cc. und variirte zwischen 0,010 und 0,025 Cc. pro Stunde. (Seite 61.)

In Anbetracht des grossen Raumes, welchen die Beschreibung der Instrumente allein schon in dem Buche in Anspruch nimmt, und in Hinsicht dessen, wie wenig damit Neues geboten wird, ist wohl zu bedauern, dass Herrn Baranetzky solche Instrumente zur Verfügung standen, denn ohne diese und deren Beschreibung wäre der Wissenschaft solche Balast-Arbeit nicht aufgebürdet worden.

Nimmt man eine der allerneuesten Arbeiten über die Wurzelkraft vor, so sieht man in diesen Arbeiten eine Wiederholung alter Sachen; — immer sind es geköpfte Sonnenblumen, welchen bald eine Bestätigung der Angaben von Hofmeister gegen Baranetzky in einem Falle und bald umgekehrt in einem anderen Falle folgen.

Was die angewandten Untersuchungsmethoden bei der Wurzelkraft anbelangt, so ist leicht zu bemerken, dass es dieser nicht viele gab und dass sie nicht sehr förderlich für diese Lehre waren.

Früher als man den Sitz der Seele bei Thieren näher bestimmen wollte, schnitt man verschiedene Theile von ihnen ab und glaubte, nachdem man in den gebliebenen Thiertheilen einige der Seele angehörige Eigenschaften gefunden hatte oder nicht, den genauen Sitz der Seele dadurch bestimmt zu haben.

Bei dem Suchen nach der Ursache des Thränens der Pflanzen wurde ein etwas ähnliches Verfahren wie bei Thieren befolgt, indem man auch verschiedene Theile der Pflanze wegschnitt und beobachtete, ob der gebliebene Rest der Pflanze thräne oder nicht, wobei das Thränen solcher Pflanzen, von denen der ganze oberirdische Stamm entfernt war, zu glauben veranlasste, dass die Ursache des Thränens ausschliesslich in der Wurzel sich befinde. Daraus ist wahrscheinlich auch die Benennung «Wurzelkraft» entstanden.

Seit dieser Entdeckung sind die Untersuchungsmethoden der Wurzelkraft ziemlich dieselben bis zum heutigen Tage geblieben. Man schnitt gewöhnlich einen Ast oder den Hauptstamm ab (die Pflanze wurde geköpft!), setzte darauf ein Rohr oder ein Manometer, und aus dem Austreten der Flüssigkeit aus der Schnittwunde des noch bewurzelten Stumpfes schloss man auf die Existenz, wie aus dem Steigen der Flüssigkeit im Manometer auf die Kraft des Wurzeldruckes. In dem «nach dem gegenwärtigen Stand der Wissenschaft» verfassten Lehrbuch der Botanik von Sachs ist bei der Beschreibung der Untersuchungsmethoden der Wurzelkraft diejenige Methode empfohlen, in welcher der Stamm der zu untersuchenden Pflanzen dicht an der Erde abgeschnitten wird.

Die Aeste und der Stamm wurden von den neueren Forschern der Wurzelkraft für etwas die Versuche so sehr Störendes gehalten, dass es ganz zweckmässig schien, ein Stück übrig gebliebenen Stammes der Pflanze mit Staniol zu umwickeln. (Baranetzky S. 28). Die Adoptirung dieser Vorsichtsmassregel schliesst schon an sich die Möglichkeit aus, reine Versuche an Pflanzen, bei welchen die Aeste und Blätter gelassen wurden, auszuführen, da sich die gebliebenen Aeste und Blätter in Staniol nicht einwickeln lassen, so angenehme Erinnerungen an die Kindheit uns auch ein solcher glänzender Baum erwecken könnte.

Der grösste Theil des Stammes und die Aeste der Pflanze wurden bei den Versuchen über die Wurzelkraft immer sehr vernachlässigt und ausser Acht gelassen, indem für die normalsten und reinsten Versuche diejenigen galten, in welchen die ganze Pflanze bis an die Erde dicht abgeschnitten wurde. Der Stamm oder die Aeste wurden einige Male gelassen aus Schonung der Pflanze oder aus Mangel an einer für den Stamm passenden Röhre.

Die seltenen Fälle, wo die Aeste bei thränenden Pflanzen absichtlich gelassen und untersucht wurden, bringen wunderbar klingende Dinge zu Tage : — so führte eine solche Untersuchung der Aeste von thränender Weinrebe den berühmten Wiener Physiologen Brücke zu dem sonderbaren Schlusse, dass das Wasser und die Luft gleich viel wiegen.

Es ist längst bekannt, dass die Gefässe vieler Pflanzen und der Weinrebe insbesondere, stets mit einem Gemenge von Wasser und Luft gefüllt sind. Brücke hat bei dem

Berechnen der manometrischen Höhe bei seinen Versuchen der in der Pflanze enthaltenen Luft das Gewicht des Saftes angerechnet. ([1])

Man kann nicht genug Lob der Gewissenhaftigkeit des Wiener Physiologen spenden, indem er, mit dem Rechte eines Mitgliedes der Akademie ausgestattet, alles in den Akademie-Berichten ohne Controle zu publiciren, diese seine Rechte nicht benutzte und seine grosse Entdeckung nur in Poggendorff's Annalen und nicht in den Berichten der Wiener Akademie veröffentlichte.

Dieses Lob kommt umsomehr zur Geltung als es Beispiele giebt, in welchen ein Mitglied der Akademie der Wissenschaften seinen Akademie-Collegen falsche Galle für ächte ausgab.

Die ganze Lehre über die Wurzelkraft sammt den Untersuchungsmethoden zeigt, dass sie noch nicht einen so richtigen Weg befolgt, um beim Betreten desselben voraussagen zu können, er führe direct zum Ziele beim Vorhandensein genügender Arbeitskräfte.

Der alte Weg, trotz des häufigen Betretens desselben, erwies sich so oft unfruchtbar, dass eine neue Bahn mehr als wünschenswerth erschien.

Das Interesse und die Mühe, welche die tüchtigsten Botaniker seit ca. zwei Jahrhunderten auf die Wurzelkraft verwendet haben, ohne im Geringsten den Vorgang erklären zu können, enthält in sich genug Anregung für einen Forscher, um dieses räthselhafte Phenomen zu untersuchen.

Für mich aber war diese Untersuchung der Wurzelkraft um so mehr anlockend, als das starke Steigen der Flüssigkeit, welches man bei manchen abgeschnittenen Pflanzen beobachtet, in der Thierphysiologie ein Analogon hat, da manche thierische Drüsen ihren Secret unter einem sehr hohen Druck secerniren und als in beiden Fällen bei Thieren wie bei Pflanzen die Kraft und die Ursache, welche das Steigen der Flüssigkeit im Manometer bewirken, weder wahrzunehmen noch zu erklären sind.

([1]) Poggendorff's Annal. Bd. 63. 1844. S. 195-197.

Nachdem die Motive der Untersuchung der Wurzelkraft, die Literatur des Gegenstandes, und die Methode etwas besprochen sind, wollen wir zu der eigentlichen Untersuchung der Wurzelkraft übergehen, welche von mir im Jahre 1875 begonnen, später fortgesetzt wurde im Pflanzenphysiologischen Institut von Prof. de Bary zu Strassburg.

Ich muss hier gleich bemerken, dass ohne die Hülfe des Herrn Prof. de Bary, welche mir zu jeder Zeit in liebenswürdigster Weise zur Disposition stand, ich gar nicht im Stande gewesen wäre, diese Untersuchung auszuführen, denn ein dreijähriges Lesen von botanischen Werken hätte mir die Kenntnisse und Angaben nicht ersetzen können, welche ich durch die scharfe Kritik und Erläuterung des Herrn Prof. de Bary bekam. Desswegen fühle ich als Pflicht hier gleich zuzufügen, dass alles Gute, was in dieser Arbeit sein mag, mehr Herrn de Bary als mir gebührt.

Schneidet man einen beblätterten Zweig von einer Fuchsia ab und presst künstlich in denselben Wasser, so kommen sehr bald, wie es de Bary zuerst gezeigt hat, an den Spitzen der Blätter Wassertropfen zum Vorschein.

Nimmt man dagegen einen ähnlichen Ast von Ahorn und presst das Wasser auf dieselbe Art wie bei Fuchsia, so biegt sich die Blattfläche sehr stark nach der Stomata-Seite zu, aber es zeigen sich keine Wassertropfen an den Blattspitzen, sogar wenn der Druck, unter welchem das Wasser in den Ast hineingepresst war, zwei oder sogar drei Mal so gross ist wie bei der Fuchsia. Diese wenigen Versuche zeigen wohl, dass die Pflanzen verschiedene Einrichtungen besitzen gegen einen zu starken Eindrang des Wassers in dieselben und geben uns eine Andeutung, dass die Pflanzen einen verschiedenen Wurzeldruck aushalten können und gegen die Stärke desselben durch verschiedene anatomische Einrichtungen verschieden geschützt sind.

Man ist so gewöhnt, aus dem Fliessen des Wassers bei thränenden Pflanzen auf die Existenz des Wurzeldruckes und aus dem Aufhören dieses Fliessens auf das Nichtvorhandensein desselben zu schliessen, dass ich im Anfange wie Alle gemeint habe, dass der an beiden Enden abgeschnittene Weinrebe-Ast fort und fort Wasser durchlassen müsse, wenn nur eine Art Wurzeldruck auf irgend eine Weise unterhalten wäre.

Dieser Gedanke war um so mehr berechtigt, als von den Botanikern niemals meines Wissens angegeben worden ist, dass das Holz durch die Leitung von Wasser seine Durchlässigkeit für dasselbe verändere.

Zur Prüfung dieser Meinung wurde geschritten, indem durch einen abgeschnittenen und beblätterten Rebzweig künstlich Wasser durchgeleitet wurde. Zu meinem Erstaunen sah ich, dass die gesammelte Menge der durchgepressten Flüssigkeit sehr bald bedeutend abnahm und Wasser dann gänzlich zu fliessen aufhörte, obgleich die Pflanzen selbst keine merklichen Veränderungen an sich zeigten und ihre Blätter nicht welkten.

Ein frischer Anschnitt der beiden Enden des Astes hat dem Verdachte nicht Raum gegeben, dass eine Verstopfung durch Unreinlichkeit des Wassers stattgefunden habe: — das Wasser floss darauf hin nicht in grösserer Menge wie vorher aus.

Aehnliche Versuche, welche an abgeschnittenen Aesten von Weinrebe, Gymnocladus Canadensis, Corylus avellana und Syringa vulgaris angestellt wurden, haben die vorher an der Weinrebe gefundene Thatsache nur bestätigt.

Beim Suchen nach der Erklärung dieser unerwarteten Erscheinung fiel mein Gedanke zuerst auf die Thyllen-Bildung; diese Erklärung passte auf meine Versuche um so mehr, als in den Canälen der so für das Wasser undurchlässig gewordenen Weinrebe frische und ausgebildete Thyllen richtig gefunden wurden, und als die Zahl und Ausbildung dieser Thyllen grade mit der Zeit zusammenstimmte, zu welcher das Fliessen des durchgepressten Wassers langsamer wurde und aufhörte.

Die heute noch bei berühmten Botanikern herrschende Ansicht, dass das Wasser in den hohlen Canälen selbst, aber nicht in deren porösen Wänden fliesst, trug noch mehr zu der Bestärkung der Meinung bei, dass die Bildung der Thyllen die Hauptursache sei, warum das anfangs so reichliche Wasserfliessen bei der Weinrebe später total aufhört. Um diese so klar gewordene Ursache noch mehr und von einer anderen Seite zu begründen, wollte ich das Wasser in derselben Weise wie vorher, durch Coniferenholz fliessen lassen, in welchem bekanntlich keine Thyllenbildung stattfindet. Sollten die Thyllen die Ursache des Aufhörens des Fliessens sein, so müsste bei Coniferen unter künstlichem Drucke geleitetes Wasser continuirlich (ohne Abnahme) fliessen, so lange als Wasser und Druck vorhanden sind.

Ein Versuch mit einem Zweig einer Conifere von (Gingko biloba) zeigte gegen alle Erwartung bei der Leitung von Wasser ein ähnliches Abnehmen der Ausflussmenge wie bei der Weinrebe.

Das an dem Gingko biloba Beobachtete gab schon Grund zu glauben, dass die Bildung von Thyllen nicht die einzige Ursache sei, welche die Leitung des Wassers durch das Holz verhindere; aber das Beobachtete schloss noch nicht die Möglichkeit aus, dass dasjenige, was bei den Coniferen-Pflanzen, wenn auch auf eine uns unbekannte Weise, so doch zu Stande kommt, bei gefässführenden Pflanzen grade durch Thyllenbildung geschehe.

Die Entscheidung der Frage, nämlich ob Thyllen das Leiten des Wassers bei Weinrebe und gefässführenden Pflanzen verhindern, oder ob dies durch etwas anderes bewirkt wird, hat mich eine Zeit lang hauptsächlich beschäftigt.

Lange suchte ich nach Pflanzen, welche Wurzelkraft zeigen, Gefässe besitzen und bei welchen keine Thyllenbildung stattfind t. Als dies vergeblich war, habe ich Mittel gesucht, die Bildung der Thyllen in der Pflanze, ohne dieselbe zu tödten oder ihr zu schaden, zu verhindern.

Die vielen gegen Thyllenbildung gefundenen Mittel waren aber zu gleicher Zeit auch solche, welche die Pflanze tödteten. Zuletzt verfiel ich darauf, zu der Kälte, welche mir so oft Dienste geleistet hatte, meine Zuflucht zu nehmen, in der Hoffnung, dass eine passende niedere Temperatur grade die

Bildung von Thyllen verhindern könne, ohne die Pflanze selbst zu tödten und ohne die Durchleitung des Wassers durch die Pflanze zu stören.

Da es im Sommer sehr schwer ist, die nöthige niedere Temperatur zu unterhalten, und ich keine Mittel dazu hatte, so wurden diese Versuche bis zum nächsten Winter aufgeschoben. Die Verlegung dieser Versuche in die Winterzeit hatte noch den Vortheil, dass sie an blätterlosen Pflanzen angestellt werden konnten und dass die Versuche insofern vereinfacht wurden, als die so oft angegebene, aber wenig aufgeklärte Transpiration der Blätter ausgeschlossen war.

Die im Winter und in der Kälte angestellten Versuche haben gezeigt, dass die Leitung des Wassers durch eine Pflanze, bei welcher künstlich durch die abgekühlte Luft die Thyllenbildung verhindert war, ebenso verhindert wird und aufhört zu bestehen, wie wir es bei Sommer-Versuchen an gleichen Pflanzen, bei welchen eine Thyllenbildung sattfand, gesehen haben.

Um genau zu zeigen, in welcher Weise und unter welchen Bedingungen diese Abnahme für die Leitung des Wassers bei Pflanzen geschieht, gebe ich hier einige meiner Versuche an. Der Klarheit wegen soll aber vorher kurz die bei diesen Versuchen gebrauchte Methode beschrieben werden.

An eine circa 50 Centimeter langen Glasröhre wurden mehrere senkrecht stehende Röhren angeschmolzen. Dieser einfache Apparat wurde mittelst eines Kautschukschlauches mit einer Flasche in Verbindung gesetzt, welche Flasche mittelst einer in den Plafond befestigten Rolle beliebig in die Höhe und herunter gezogen werden konnte, um je den gewünschten Druck zu erzielen.

Nachdem der Apparat und die Flasche mit Wasser gefüllt worden waren, wurden die zum Experiment dienenden Pflanzen jede einzeln in je ein angeschmolzenes Seitenrohr mittelst eines Gummischlauches und Bindfadens befestigt; dabei wurde Obacht gegeben, dass keine Luftblasen zwischen der Pflanze und dem Wasser vorkamen. Etwaige eingetretene Luft wurde durch passendes Umdrehen des Apparates entfernt.

Mittelst einer an den Gummischlauch angebrachten Sperrklemme konnte man beliebig den Zufluss des Wassers aufheben oder wieder bestehen lassen.

Auf den anderen oberen Schnitt der Aeste wurde je eine gebogene Glasröhre mittelst eines Gummischlauches angesetzt, unter welche Kölbchen angehängt wurden, die das durch den Ast durchgepresste Wasser sammeln sollten.

Mittelst dieses einfachen Apparates konnten mehrere Pflanzen auf einmal untersucht werden, wobei sie wenigstens Wasser gleicher Qualität bekamen und unter gleichen Druck und gleiche Temperatur-Bedingungen gesetzt wurden. Später wurden, um Versuche auf mehr als vier Pflanzen anstellen zu können, einige solche einzelne Glasapparate unter einander verbunden.

Bei diesen Durchleitungsversuchen wurde absichtlich kein destillirtes Wasser, sondern filtrirtes Brunnenwasser gebraucht: denn ich wollte ja an lebenden und nicht an todten Pflanzen experimentiren.

An Anderen und an mir selbst habe ich erfahren, dass, so schmerzlos man lange Zeit in salzhaltigem (Meereswasser) die Augen offen halten kann, man dagegen dies nicht ohne Schmerz und ohne Schaden thun kann in Flusswasser oder destillirtem Wasser. Diese Thatsache wird dahin erklärt, dass unsere lebendigen Gewebe durch destillirtes Wasser verändert oder sogar getödtet werden. Die Furcht, der Pflanze durch destillirtes Wasser zu schaden, bewog mich, ein Wasser zu nehmen, welches schon als unschädlich für die Pflanze sich erwiesen hatte und durch welches, wie wir später sehen werden, Pflanzen längere Zeit bei den Experimenten lebendig und frisch erhalten wurden.

Den 12. Januar 1876 wurden bei einer Kälte von —9° C. fünf Aeste von ziemlich gleicher Länge (60-62 Cent.) und gleicher Dicke (7—12 mm.) von Vitis vinifera, Corylus avellana, Acer platanoides, Syringa vulgaris und Salisburia adiantifolia abgeschnitten und lege artis in den vorher beschriebenen Apparat unter einem Drucke von einer 2 Meter 20 Cent. hohen Wassersäule gebracht und wurde die durchpassirte Menge des Wassers alle 24 Stunden gemessen.

Tabelle von Versuchen über die Durchleitung von Wasser durch die Aeste.

In 24 Stunden liessen die Aeste durch sich Wasser passiren:

Datum.	Temperat. +	Vitis vinifera	Syringa vulgaris	Corylus avellana	Acer Platanoides.	Salisburia
13. Jan.	6—7°	340 Cc.	45 Cc.	45 Cc.	107 Cc.	6 Cc.
14, „	2—6°	232 Cc.	33 Cc.	33 Cc.	107 Cc.	5 1/2 Cc.
15. „	7°	119 Cc.	39 Cc.	25 Cc.	79 Cc.	3 1/2 Cc.
16. „	5°		30 Cc.	19 Cc.		
17. „	3—6°					
18. „	4—7°	23 1/2 Cc.	11 1/2 Cc.	9 1/2 Cc.		3 1/2 Cc.
19. „	7—9°	17 1/2 Cc.	8 1/2 Cc.	8 1/2 Gc.	18 1/2 Cc.	3 1/2 Cc.
20. „	7—10°	13 Cc.	5 1/2 Cc.	7 1/2 Cc.	11 Cc.	3 1/2 Cc.
21. „	9—10°	9 Cc.	3 1/2 Cc.	6 Cc.	5 1/2 Cc.	4 Cc.
22. „	10—11°					
23. „	10—11°	5 Cc.	2 1/2 Cc.	3 Cc.	2 Cc.	3 1/2 Cc.
24. „	7°	1 1/2 Cc.	2 1/2 Cc.	3 Cc,	2 1/2 Cc.	3 1/2 Cc.
25. „	7—8°	1 Cc. etwas gelblich.	2 Cc.	3 1/2 Cc.	1 1/2 Cc.	3 1/2 Cc.
26. „	7—9°	1/2 Cc.	1 1/2 Cc.	3 1/2 Cc.	1/2 Cc.	3 Cc.
27. „	7 - 9°	1/2 Cc.	1 1/2 Cc.	3 1/2 Cc.	—	2 1/2 Cc.
28. „	7—8°	1/4 Cc.	1 1/2 Cc.	3 1/2 Cc.	—	2 1/2 Cc.
29. „	7—8°	1/4 Cc.	1 1/2 Cc.	3 Cc.	Oben aufgesogen.	2 1/2 Cc.
30. „	7—8°	1/4 Cc.	1 Cc.	3 Cc.	—	2 1/2 Cc.
31. „	6—6°	1 Tropfen.	1 Cc.	2 Cc.	—	2 1/2 Cc.

Später haben alle diese Aeste, Salisburia ausgenommen, gänzlich aufgehört Wasser durchzulassen.

Um den Verdacht auszuschliessen, dass eine Verstopfung durch Unreinlichkeit des Wassers erfolgt sei, wurden bei allen diesen Aesten die Schnitte erneuert durch Abschneiden eines Stückes von 2 Cent. je an beiden Enden; dadurch ist nur bei Salisburia die Ausflussmenge des Wassers auf 8 Cc. in 24 Stunden gehoben worden; bei den übrigen Aesten ist nicht mehr Wasser als vorher durchgeflossen, und später hatte das obere Ende von Weinrebe und Ahorn das Wasser sogar eingesogen.

Die Untersuchung der abgeschnittenen Enden von Weinrebe und von Ahorn zeigte, dass die Gefässe trotz der langen Dauer des Wasserleitens doch immer noch Luft, aber keine Thyllen enthielten. Um zu sehen, ob die Durchlässigkeit des Wassers bei den Aesten nicht nur bei dem angewandten Druck (von circa 2 Meter Wasser) aufgehoben sei, sondern zugleich auch für höheren Druck, wurden alle diese schon gebrauchten fünf Aeste in einen neuen extra dazu construirten Apparat hineingesetzt, mit welchem ein bedeutender Druck leicht ausgeübt werden konnte.

Die Versuche ergaben, dass die Aeste von Weinrebe und von Ahorn, welche länger als 24 Stunden unter einem Druck von 1200 mm. Quecksilber verweilten, keinen Tropfen Wasser und ebenso keine Luft durchgelassen haben; dass dagegen bei Corylus, Syringa und Salisburia unter einem Druck von 1200 mm. Hg. Wasser, ebenso wie Luftblasen in verschiedenen Mengen aus dem oberen Schnitte der Aeste heraustrat; am leichtesten und meisten bei Salisburia, welche 34 Cc. Wasser während 24 Stunden passiren liess.

Die aufmerksame Beobachtung zeigte, dass bei Salisburia das Wasser und die Luftblasen aus dem Marke hervortraten, was bei anderen Pflanzen nicht der Fall war. Vielleicht lässt sich auch dadurch das so lang und unausgesetzt stattgefundene Ausströmen des durchgepressten Wassers bei der Salisburia erklären.

Dass aber die Aeste aller dieser fünf Pflanzen wenigstens in ihrem unteren Theile für Wasser und Luft durchlässig waren, lässt sich daraus entnehmen, dass alle diese Pflanzen zu der Zeit, als sie für das Wasser undurchgänglich sich zeigten, wohl Wasser und Luft leicht durch sich gehen liessen, wenn sie bis auf ein Stück von ca. 10 Cent. Länge von oben abgeschnitten worden waren. Da dabei das Binden nicht erneuert wurde, so lässt sich schliessen, dass das Binden der Aeste und das Drücken auf dieselben durch Gummischläuche von keinem Einflusse auf die Durchlässigkeit des Wassers durch die Aeste ist.

Es soll hier noch bemerkt werden, dass bei Pflanzen oft zu einer Zeit, wo kein Wasser von unten sich durchpressen lässt, das obere Ende noch Wasser einsaugt; dass also in einem und demselben Aste eine Art Scheidungslinie besteht, auf deren einer Seite das Holz für Wasser undurchlässig erscheint und auf deren anderer es zu gleicher Zeit saugungsfähig ist.

Alle obigen fünf zum Experiment benützten Pflanzen sind lebendig geblieben, da später die Knospen bei ihnen sich früher und stärker entwickelten als bei anderen Pflanzen, welche neben ihnen im Wasser, aber ohne Druck gestanden haben.

Die schnelle Entwickelung der Knospen in diesem Falle wurde wahrscheinllch durch den starken Druck betrieben, wie dies von Sachs schon angegeben ist.

Um die Leitung des Wassers bei längere Zeit vom Stamme abgeschnittenen Aesten zu sehen, im Vergleich zu frisch vom Baume abgeschnittenen, wurden die seit dem 12. Januar 1876 abgeschnittenen Zweige, welche seit dieser Zeit in demselben Zimmer, neben den eben erwähnten fünf Pflanzen-Aesten gelegen hatten, genommen.

Die Angaben über die Durchlässigkeit des Wassers durch solche, längere Zeit abgeschnittene Aeste, von denen einige die obere Hälfte der schon in der ersten Tabelle seit dem 12. Januar zum Experiment benutzten Aeste bilden, folgen hierbei:

Datum.	Temper.	Salisburia	Corylus avellana	Acer Platanoides	Vitis vinifera.
15. Febr.	6—7°	10 Cc.	19 Cc.	Die ganze Zeit nichts.	70 Cc.
16. „	10—11°	9 Cc.	11 Cc.		31 Cc.
17. „	11—13°	7 Cc.	15 Cc.		10 Cc.
18. „	12—13°	6 Cc.	3 Cc.		5 Cc.
19. „	13—14°	5½ Cc.	2 Cc.		2½ Cc. Die Flüssigkeit ist seit dieser Zeit etwas gelblich.
20. „	13—15°	4½ Cc,	1 Cc.		2½ Cc.
21. „	13—15°	4 Cc.	1 Cc.		1½ Cc.
22. „	13—15°	3½ Cc.	1 Tropf.		1 Cc.
23. „	14—15°	3 Cc.	1 Tropf.		2 Tropfen.

Die Versuche wurden abgebrochen.

Diese Versuche haben ergeben, dass verschiedene Pflanzen bei ihrem Verweilen im Zimmer und vermuthlich bei geringerem Austrocknen verschieden die Fähigkeit verlieren, Wasser durchzuleiten. Am schnellsten ist dieser Verlust nach unseren Versuchen bei Ahorn eingetreten.

Ferner folgen Beobachtungen darüber, wie sich die Durchlässigkeit des Wassers bei Rebästen von verschiedener Länge und wenn dieselben später, d. h. näher dem Frühjahr abgeschnitten waren, verändert.

		Der Rebzweig (A) von 160 Cent. Länge	Der Rebzweig (B) von 60 Cent. Länge.
Datum.	Temper.	A.	B.
26. Feb.	10—11°	45 Cc.	150 Cc.
27. „	12—14°	140 Cc.	56 Cc.
28. „	12—14°	20 Cc.	15 Cc.
29. „	12—14°	3 Cc.	6 Cc.
1. März	13—14°	2 Tropfen.	6 Tropfen.
2. „	13—15°	—	—

Zuletzt will ich hier als Anhang die Durchleitung des Wassers bei Canna-Pflanzen angeben:

Eine im Freien cultivirte stattliche Cannapflanze von 2 Meter Länge und 2 Cent. Dicke im unteren Durchmesser, mit 7 Knoten und starken Blättern, wurde abgeschnitten, und durch dieselbe Wasser unter einem Druck von 2 Meter Wassersäule gepresst. Das Wasser zeigte sich auf dem anderen Ende nicht. Erst nachdem die vier untersten Knoten abgeschnitten worden waren, zeigte sich Wasser an dem oberen Ende.

Für sich allein genommen und jeder einzeln geprüft, liessen die vier unteren Knoten auch kein Wasser durch. Ihre Internodien dagegen liessen sehr leicht Wasser passiren, obgleich Thyllen sich gerade in den Internodien, aber nicht in den Knoten befanden.

Vom fünften Knoten an liessen die übrigen Knoten immer leichter Wasser durch, je weiter sie von der Basis entfernt gelegen waren.

Der der Blüthe am nächsten liegende Knoten machte davon eine Ausnahme, indem er schwerer Wasser durch sich liess, als der unter ihm liegende.

Das an dieser Canna Beschriebene wurde auch an anderen Canna-Pflanzen beobachtet.

Die Beobachtungen an Canna, durch welche Wasser geleitet und an deren Internodien zu dieser Zeit an verschiedensten Stellen Einschnitte gemacht worden waren, haben durch den Ausfluss oder dessen Aufhören klar gezeigt, dass die Gefässe der Internodien in gerader Linie verlaufen.

Durchleitungsversuche von Wasser wurden auch an frischen, grünen Pflanzen von Arundo Donax angestellt, aber niemals wollte das hineingepresste Wasser bei dem oberen Ende der Pflanze anlangen. (Der Druck war dabei von 2 Met. Wasser).

Um zu sehen, ob die Aeste, welche durch das längere Durchströmen des Wassers undurchlässig geworden zu sein schienen, es wirklich und für immer und überall, oder mit Beschränkungen seien, wurden folgende Versuche angestellt:

Zwei Rebzweige, einer (B) von 75 Cent. Länge und ein anderer (O) von 90 Cent. Länge, welche durch ein längeres Leiten des Wassers unter einem Drucke von 2 Meter Wasser sich undurchlässig gezeigt hatten, liessen kein Wasser durch, sogar wenn der Druck auf 1200 mm. Hg. gestiegen war. Diese Aeste, auch zur Hälfte abgeschnitten, liessen kaum Wasser durch sich. Als aber diese Aeste noch weiter, bis auf nur 22 Cent. Länge, abgeschnitten waren liessen sie sehr viel Wasser durchpassiren.

Wieder unter einen schwächeren Druck von 2 Meter Wasser gesetzt, liessen diese Aeste folgendermassen durch sich in 24 Stunden.

Datum.	Ast (B)	Ast (O)
21. März	62 Cc.	32 Cc.
22. „	37	20
23. „	3	10
24. „	1	6
25. „	0	1
26. „	0	1
27. „	0	0

Die Temperatur während der ganzen Dauer des Versuches schwankte zwischen + 9 und + 15° C.

Bei einem weiteren Abschneiden dieser für das Wasser undurchgänglichen Aeste bis auf die Hälfte, liessen dieselben wieder Wasser durch.

Da die gefässführenden Pflanzen ausser Wasser auch noch Luft enthalten, so wurden auch Versuche (wie oben erwähnt) über die Durchleitung der Luft durch die Aeste angestellt.

Es stellte sich dabei heraus, dass frische Aeste von Syringa vulgaris ziemlich leicht Luft durchliessen, wogegen Weinrebe und Ahorn unter gleichen Versuchsbedingungen es nicht thaten. Gegen alle Erwartung hat das so viele Intercellular-Räume enthaltende Holunder-Mark keine Luft durch sich passiren lassen.

Zahlreiche Versuche, deren Aufführung hier zu weitläufig wäre, haben ohne Ausnahme bestätigt, dass die Durchlässigkeit für das Wasser bei gefässführenden Pflanzen abnehme und dann aufhöre.

Diese Thatsache erschien um so auffallender und von Interesse, als man noch in den allerneuesten Arbeiten sogar förmliche Berechnungen über die zukünftigen Ausflussmengen des Wassers durch die Aeste (bei künstlichem Durchleiten des Wassers) auf längere Zeit zu sehen bekommt. (¹)

Diese Berechnungen wurden auf Versuche, welche nur einige Stunden dauerten und nicht länger fortgesetzt worden waren, basirt und sind also nicht directen Beobachtungen entnommen; — sie haben sich als total unrichtig erwiesen.

Was die Ursache dieser hervorgerufenen Undurchlässigkeit der Pflanzen für das Wasser anbelangt, so geht ziemlich deutlich aus den Versuchen hervor, dass die Thyllen nicht als Hauptursache davon angesehen werden dürfen.

Man braucht sich nur zu erinnern an die Undurchlässigkeit des Wassers bei der Weinrebe in der Kälte und bei den Coniferen-Aesten, in welchen beiden keine Thyllen-

---

(¹) Botanische Untersuchungen von Dr. N. J. C. Müller. IV. Heidelberg. Erster Theil 1875. S. 93 und 96, wo Müller sagt, dass die Ausflussmengen der Poisseuille'schen Formel gefolgt wären, wenn nur die Röhren in der Pflanze nach oben nicht enger gewesen wären.

bildung stattfindet und dann auch an die Leitung des Wassers durch Cannapflanzen, bei welchen Wasser durch thyllenlose Knoten gar nicht gehen wollte, und stark floss in den Internodien, in welchen gerade Thyllen gefunden waren.

Nach diesen Versuchen an Canna sieht es so aus als ob die Thyllen sogar keinen Einfluss auf die Leitung des Wassers hätten.

Sieht man sich näher an, in welcher Weise das Abnehmen des durchgepressten Wassers in den Aesten zu Stande kommt, und dann, wie das Wasser weiter fliesst bei der Halbirung der für das Wasser undurchlässigen Aeste, so wird die Meinung, dass die Thyllen ein Haupthinderniss für die Durchleitung des Wassers bilden, noch schwankender gemacht.

Hätten wir Mittel besessen, die Thyllenbildung beliebig wo wir wollen in der Pflanze hervorzurufen, so wäre es nicht uninteressant, um diese Frage unwiderruflich zu entscheiden, Versuche anzustellen über die Durchleitung des Wassers durch Aeste, an welchen die Lumina der Gefässe durch Thyllen total verstopft wären.

Bei näherer Betrachtung der Versuche leuchtet eine interessante botanische Thatsache hervor, welche unsere jetzige Ansicht über die Leitung des Wassers in der Pflanze stark erschüttert.

Bei den tüchtigsten Botanikern herrscht heute noch die Ansicht, dass das Wasser in der Pflanze, wenn auch durch alle Zellen, doch hauptsächlich durch die Lumina der Gefässe geleitet werde.

Wäre eine solche Auffassung richtig, so müsste ja das durch einen Ast durchgepresste Wasser continuirlich fliessen, so lange die Lumina der Gefässe nicht verstopft sind.

Da Pflanzen, bei welchen Thyllen in den Gefässen vorhanden waren (Canna), für das Wasser passirbar waren, dagegen undurchlässig waren zur Zeit, wo ihre Gefässe nur Wasser und Luft, aber keine Thyllen enthielten, so drängt sich mehr und mehr der Gedanke auf, dass das Wasser durch die Wände der Gefässe, und nicht durch die Lumina derselben, wie es bis jetzt oft angenommen ist, geführt wird.

Die bekannte starke Imbibitionsfähigkeit der Gefässwände bestärkt noch mehr die Möglichkeit und Wahrscheinlichkeit einer solchen Vermuthung.

Das gewöhnliche Vorkommen des Wassers und der Luft in den Gefässen der Pflanze hat allgemein so irre geführt, dass man mit Wasser und Luft gefüllte Canäle als Hauptwege für die Leitung des Wassers und der Gase betrachtet hat und die Wände dieser Gefässe, in welchen man Wasser, makroskopisch wie mikroskopisch nicht sehen konnte, unbeachtet liess als Gewebe, welche für die Leitung des Wassers als unfähig galten.

Die Leitung des Wassers in den Pflanzen könnte man vielleicht richtiger so auffassen, dass das in den Gefässen sitzende Gemenge von Luft und Wasser eine unbewegliche Säule vorstellt, um welche ringsum das Wasser in den porösen Wänden strömt. Die Experimente Jamin's und unsere, bei welchen die in den Gefässen sitzende Luft, selbst mit starkem Druck, nicht herauszubringen war, berechtigen noch mehr eine solche Anschauung.

Es mag sein, dass zwischen dem Wasser, welches in den Wänden und demjenigen, welches in dem Canale sich vorfindet, ein Austausch stattfindet, (woraus die Verschiedenheit der Menge von Luft und Wasser, welche man in den Canälen findet, entsteht) aber die offenen Canäle sollen nicht als der direkteste Weg für das in der Pflanze geleitete Wasser betrachtet werden.

Wollte man sich erklären, auf welche Weise die Verminderung der Durchlässigkeit des Wassers in den Aesten bewirkt wird, so könnte man dies leicht unter der Annahme thun, dass die imbibitionsfähige Wand der Gefässe aus einer porösen und quellungsfähigen Substanz bestehe und dass mit der Zunahme der Quellung dieser Substanz die für das geleitete Wasser frei gebliebenen Zwischenräume immer kleiner werden.

Zum besseren Verständniss, wie man sich die Bewegung des Wassers in den Gefässwänden vorstellen soll, will ich hier einen Apparat angeben, welcher die Sache einigermassen nachahmen und darstellen mag.

Nehmen wir ein längeres Glascapillarrohr, welches in die Mitte eines anderen, gleich langen, aber bedeutend weiteren Glasrohres gesetzt ist, und füllen wir den Zwischenraum zwischen beiden Röhren mit Sand oder Glasperlen aus, wobei das Capillarrohr in intermitirender Weise je mit Luft und Wasser gefüllt sein soll.

Damit der Sand oder die Glasperlen während des Versuches nicht herausfallen und nicht gehalten zu werden brauchen, soll diesem Apparate eine U-förmige Gestalt gegeben sein und er in dieser zweckentsprechenden Lage (die Enden nach oben gerichtet) während des Versuches gehalten werden.

Setzen wir jetzt einen Kautschukschlauch auf einen der beiden Schenkel des U-förmigen Apparates und lassen dann Wasser durch denselben strömen, so wird das, durch ein Gemenge von Luft und Wasser gefüllte Capillarröhrchen (den Jamin'schen Gesetzen folgend) kein Wasser durch sich passiren lassen, wogegen das in den Apparat gepresste Wasser stark durch den mit Glasperlen oder Sand gefüllten Zwischenraum (welcher die poröse Wand der Gefässe der Pflanze repräsentirt) fliessen muss.

In einem solchen Apparat würde das Wasser continuirlich und ziemlich in gleicher Menge pro Stunde ausströmen, so lange Wasser und Druck vorhanden sind.

Hätten wir den Sand durch gestossene, trockene Gelatine, durch Gummi oder andere quellbare Substanzen ersetzt, so wäre die anfangs grosse Menge des ausgeflossenen Wassers mit der Zeit weniger und weniger geworden, je nachdem die Partikelchen mehr gequollen wären, und sie dadurch die zwischen ihnen liegenden hohlen Räume, durch welche das Wasser früher üppig floss, verengert hätten. Zuletzt wäre vielleicht der Durchgang des Wassers durch diese Quellung gänzlich aufgehoben worden.

Hätten wir durch die durch Wasserleitung derart gequollene Gelatine Alkokol ([1]) oder andere derartige Substanzen

---

([1]) Vorausgesetzt, dass in diesem Falle der Alkohol das Wasser dem Leime entzieht und die gequollene Substanz zum Schrumpfen bringt.

durchströmen lassen, so hätten wir durch Entziehung des Wassers aus der Gelatine und durch die hierdurch bewirkte Einschrumpfung und Verkleinerung der Gelatine die Passage für die Flüssigkeit wieder eröffnet und hätten dann für eine Zeit lang wiederum Wasser passiren lassen können.

Dieser Apparat würde uns einigermassen als Modell dienen, um den Gang des Wassers durch die imbibitionsfähigen Wände der Pflanzen-Gefässe zu zeigen, und könnte uns die Ursache bildlich darstellen, warum die Wände der Gefässe manchmal kein Wasser durch sich lassen.

Durch die Abwechslung im Durchströmen von Wasser und von Alkokôl könnte man beliebig die beiden Zustände in der Wand der Pflanzen-Gefässe nachahmen, den Zustand, wo Wasser durch dieselbe leicht, und wo es schwer passirt.

Ich wollte den Versuch machen, (wurde aber daran gehindert) durch frisch abgeschnittene Aeste abwechselnd Wasser und Alkohol durchströmen zu lassen. Vielleicht hätten wir dadurch den Beweis der Richtigkeit unserer Vermuthung erhalten, dass die Substanz der Wände der Pflanzengefässe quellungs- und schrumpfungsfähig ist.

Unsere an frischen Pflanzen angestellten Versuche haben gezeigt, dass die Quellung der Wände-Substanz verschieden gross sein kann, indem die Zwischenräume (durch welche das Wasser fliessen soll) verschieden gross bleiben können; aber niemals waren diese Zwischenräume auf O gebracht, denn ein für das Wasser undurchgänglicher Ast liess sofort Wasser durch, wenn der Druck erhöht, oder wenn der Zweig verkürzt wurde, also wenn der Widerstand entweder überwunden oder vermindert war.

Vielleicht könnte man eine Quellung der Wände bis zum Verschwinden der Zwischenräume hervorbringen durch eine Leitung des Wassers unter einem sehr starken Drucke, was auch von mir noch nicht geprüft wurde, da mir ein solcher Druck nicht zu Gebote stand.

Herrn Prof. de Bary und mehreren anderen Herren im Laboratorium habe ich demonstrirt, dass ein abgeschnittener Rebzweig nach Belieben trocken oder nass an seinen Enden erscheinen kann, je nachdem dem man das eine oder das andere Ende nach unten gerichtet hatte, wobei die Nässe immer an dem unteren und die Trockenheit an dem oberen Ende sich zeigte.

Ein mit Wasser oder mit Wasser und Luft gefülltes Glascapillarrohr zeigte bei senkrechter Aufstellung ein differentes Verhalten bezüglich des Sinkens seiner Wassersäule im Vergleich zu dem senkrecht gestellten frischen und wasserreichen Reb-Ast.

Es hatte den Anschein, als ob das sich in den Gefässen der Pflanze befindende Gemenge von Wasser und Luft in einer anderen Attractions-Beziehung zu den porösen Wänden dieser Gefässe stehe, als zu den Wänden der Glascapillarröhren.

Als Pendant zu dieser pflanzenphysiologischen Frage wäre es zweckmässig, Versuche anzustellen über die Gesetze der Durchströmung von Flüssigkeiten durch Capillarröhren, deren Wände aus porösen oder quellungsfähigen Substanzen zu bestehen hätten. Von dieser Seite ist die Durchströmung in Capillar-Röhren meines Wissens, Seitens der Physiker noch nicht behandelt worden.

Die Undurchlässigkeit der Aeste lässt sich auch praktisch verwerthen.

Im Anfange meiner Durchleitungs-Versuche habe ich bei dem Fliessen des Wassers aus den zufällig verletzten Aesten umsonst das Anbrennen und allerlei gebräuchliche Schmiersalben angewandt, um diese zufälligen Verwundungen der Aeste für das Wasser zu schliessen. Jetzt lasse ich einfach etwas Wasser durchströmen, und nach einiger Zeit ist die verwundete Stelle so sicher für das Wasser undurchgängig, wie man es mit dem Schmieren nie erreichen kann.

Nun war es interessant zu sehen, in wie fern die von uns im Laboratorium gefundenen Thatsachen an die Erscheinungen der im freien lebenden Pflanzen sich anknüpfen lassen; desswegen wurden viele Versuche in dieser Richtung vorgenommen.

Ich dachte mir, dass, sollte die Leitung des Saftes bei den nicht von der Pflanze abgeschnittenen Aesten die Durchlässigkeit derselben (ebenso wie im Laboratorium an abgeschnittenen Aesten) aufheben, so wäre ein Mittel gefunden, das Thränen der Pflanze zu vermindern oder total zu verhindern.

Zur Prüfung dieser a priori gefassten Meinung wurden folgende Versuche angestellt:

Den 25. Februar wurden an zwei verschiedenen gesunden Weinstöcken zwei circa 50 Cent. lange zweijährige Triebe an ihren oberen Enden abgeschnitten und auf jeden dieser Schnitte ein 120 Cent. langes und 2 Cent. breites Glasrohr aufgebunden. Als diese so aufgesetzten Röhren mit Wasser gefüllt waren, wurde dasselbe sehr rasch von den beiden Zweigen aufgesogen. Ein solches Rohr mit Wasser wurde oft in 4 Stunden schon ganz leer.

Nachdem diese Rebzweige während fünf Tagen so viel und so stark Wasser eingesogen hatten, fingen sie an immer weniger Wasser aufzunehmen, bis sie endlich nur ca. ein Cc. pro Tag oder noch weniger in sich aufnahmen.

Um zu sehen, ob dieses Nichtweitersaugen der Rebzweige nicht auf einer Verstopfung der Schnittoberfläche beruhe, wurden die beiden Enden der Aeste 14 Centimeter unter der Befestigungsstelle der Glasröhre abgeschnitten, dabei erwies sich die Durchlässigkeit dieses abgeschnittenen Stückes als eine vollkommene, indem das Niveau des Wassers in der Röhre, welche auf dem abgeschnittenen Stücke des Reb-Astes aufgebunden war, sogleich zu sinken begann; während unten aus dem Holze Wasser, bis zum Entleeren der Glasröhre tröpfelte.

Nachdem bei den untersuchten Reb-Aesten das Aufhören des Einsaugens eher durch eine Sättigung als durch eine Verstopfung der Pflanze sich erklären liess, wurden auf die beiden Aeste besagte Röhren fest aufgebunden und von Neuem mit Wasser gefüllt. Das Wasser wurde jetzt trotz der Erfrischung der Schnitte, wie vor der Erfrischung derselben sehr schwach aufgesogen — während der ganzen Zeit bis zum Frühjahre kaum 15 Cc. — Als die Weinrebe im Frühjahre (den 1. April) zu thränen begann, stieg das Niveau der Flüssigkeit in beiden untersuchten Röhren nicht, sondern blieb unbeweglich, oder sank sogar ein bischen, trotzdem dass andere Aeste, vom selben Stamme und zwei Meter höher stehend als die untersuchten, stark bluteten und einen starken Druck in dem auf sie gesetzten Manometer zeigten.

Eine den 15. April vorgenommene Erneuerung der Schnittflächen bei den zwei untersuchten Aesten brachte kein Steigen der Flüssigkeit in den aufgesetzten Röhren hervor.

Erst im Monat Mai begannen kleine Tagesschwankungen (von 2 bis 3 Cent. Höhe) in dem Niveau der Flüssigkeit der Röhren sich zu zeigen. Die an diesen zwei Aesten zu dieser Zeit beobachtete Knospenentfaltung bewies, dass diese Aeste durch die Manipulation des Wasser-Einsaugens von oben her nicht getödtet worden waren.

Weitere Beobachtungen an diesen zwei Aesten wurden wegen meiner Krankheit leider nicht fortgesetzt.

Diese Versuche haben also glänzend die im voraus erwartete Verhinderung des Blutens bei der Weinrebe durch eine Sättigung der Aeste mit Wasser erwiesen.

Die im nächsten Jahre vorgenommenen Versuche haben noch mehr unsere Kenntnisse in dieser Hinsicht bestätigt und erweitert.

Den 10. März 1877, als das Thränen noch an keiner Weinrebe zu sehen war und als die Weinstöcke schon seit drei Wochen beschnitten waren, wurden fünf Glasröhren an verschiedene Weinstöcke fest aufgebunden und diese Röhren mit circa 30 cent. Wasser gefüllt.

Aus allen diesen Röhren wurde das Wasser von den Aesten, auf welchen sie sassen, aufgesogen. Danach wurden die Röhren entfernt, die Schnitte erneuert und die Zeit des Thränens bei der Weinrebe abgewartet.

Als das Thränen der Weinrebe im Gange war (Anfangs April), trat Flüssigkeit aus allen abgeschnittenen Aesten aus, die fünf Aeste, welchen früher ein bischen Wasser zu saugen gegeben war, ausgenommen, obgleich die Erneuerung des Schnittes bei diesen letzteren 5 Aesten mehr Chancen zum

Thränen zu geben schien als die bedeutend früher abgeschnittenen Aeste, bei welchen das Austrocknen des Schnittes mehr gewirkt hatte.

Am schönsten beweisend war der Versuch an einem 15 Jahr alten stattlichen Weinstock, dessen Stamm horizontal an der Mauer des Hauses gezogen war und auf welchem viele junge frische Triebe sassen, die alle im Winter noch gleich kurz abgeschnitten worden waren. Einem von diesen so kurz abgeschnittenen jungen Trieben wurde im Monate März auch circa 30 Cent. Wasser zu saugen gegeben.

Bei der Thränperiode tropfte Flüssigkeit aus allen abgeschnittenen jungen Trieben, mit der einzigen Ausnahme desjenigen, welcher 30 Cent. Wasser zu saugen bekommen hatte. Erst nachdem das Thränen in manchen von den abgeschnittenen Aesten aufgehört hatte, zeigte sich der erste Tropfen auch an dem Aste, welcher früher Wasser gesogen hatte.

Bei der Erfrischung des Schnittes an diesem Aste und an den vor und nach ihm liegenden Aesten flossen in dem Aste, welcher Wasser gesogen, in einer gewissen Zeit zehn Mal weniger Tropfen aus, als in den gleichen Aesten, welche vor oder nach genanntem Aste gelegen waren.

Weiter wurden vor der Thränperiode noch an mehreren anderen Weinrebe-Aesten Glasröhren fest aufgebunden und dann Wasser in diese Röhren so lange hineingegossen, bis kein Saugen mehr stattfand. Das Niveau des Wassers in diesen Röhren stand unbeweglich die ganze Zeit (sogar im Monat Juni noch), obgleich die neben ihnen liegenden und vom selben Weinstock stammenden Aeste stark thränten und einen Druck von über 500 mm. Hg. zeigten.

Alle diese Versuche zeigen nun, dass nicht nur die Sättigung eines Astes mit Wasser die Durchlässigkeit für dasselbe (resp. das Thränen) verhindern kann, sondern dass sogar die Stufe dieser Sättigung maassgebend ist für die Stärke des Druckes, welcher nöthig ist, die Leitung des Wassers in dem Aste noch zu Stande zu bringen.

Abgesehen von dem allgemeinen Interesse an den, bei der Durchleitung des Wassers durch die Aeste gefundenen

Thatsachen, hatten dieselben für mich noch ein besonderes — sie schienen mit Nutzen auf die Lehre über die Wurzelkraft übertragen werden zu können, wenn dies bei der scheinbaren Isolirtheit der Thatsache auf den ersten Blick auch nicht einleuchten mag. Wenn die Undurchlässigkeit der Aeste für Wasser, den nächst zu erwartenden Ausbruch des Thränens gänzlich verhindert — so dachte ich mir — ob dieselbe Undurchlässigkeit an einem abgeschnittenen Aste einer thränenden Pflanze die gewöhnlich eintretende Verminderung und das Aufhören des Fliessens des Saftes nicht hauptsächlich verursache?

Diese Vorraussetzung hat sich auch bestätigt.

Als Beweis für das eben Gesagte und auch zu gleicher Zeit um zu zeigen, in welcher Weise die Ausflussmenge bei thränenden Pflanzen abnimmt, gebe ich hier einen von den zahlreichen Versuchen an.

Ein dreijähriger, 175 Cent. langer Ast von einem gesunden, stattlichen, etwa 15 Jahr alten Weinstock wurde zur Thränzeit an seinem oberen Ende abgeschnitten, auf die Schnittfläche desselben wurde ein gebogenes Glasrohr aufgebunden und dann die ausgeschiedene Flüssigkeit alle 24 Stunden gemessen.

Dieser Ast liess Flüssigkeit in 24 Stunden folgendermassen durch:

Den 14. April	früh	bei einer Temp. von	— 2° C.		410 Cc.	Saft.[1]
„ 15.	„	„	+ 2° — + 4° C.	„	405	„
„ 16.	„	„	7° — 10° C.	„	326	„
„ 17.	„	„	8° — 9° C.	„	220	„
„ 18.	„	„	7° — 11° C.	„	162	„
„ 19.	„	„	8° — 12° C.	„	124	„
„ 20.	„	„	11° — 12° C.	„	130	„
„ 21.	„	„	14° — 16° C.	„	135	„
„ 22.	„	„	9° — 8° C.	„	122	„
„ 23.	„	„	8° — 13° C.	„	90	„
„ 24.	„	„	10° — 10° C.	„	62	„
„ 25.	„	„	13° — 16° C.	„	14	„
„ 26.	„	„	16° — 16° C.	„	12	„
„ 27.	„	„	11° — 12° C.	„	13	„
„ 28.	„	„	9° — 14° C.	„	7	„
„ 29.	„	„	10° — 11° C.	„	5	„

[1] Es floss so viel Saft aus, trotzdem die Flüssigkeit eine Zeit lang im Ausflussrohre gefroren war.

Der untersuchte Ast, welcher wie wir gesehen haben, später zu thränen aufhörte, war frisch, entwickelte Blätter und gab in selbem Sommer noch 10 Cent. unterhalb der Stelle, wo das Ausflussrohr aufgebunden war, eine Traube.

Derselbe Reb-Ast, welcher zu thränen aufgehört hatte, zeigte im nächsten Frühjahre wiederum ein üppiges Ausströmen des Saftes, und also eine Durchlässigkeit des Astes für Flüssigkeit.

An demselben Aste, dessen 10 Cent. langes Ende eine Woche vor dem Beginne der Thränzeit abgeschnitten worden war, zeigte sich erst eine Woche später nach dem Abschneiden (den 31. März), der erste Tropfen Saft.

Dieser Ast, welcher zeigen soll, wie bei der Weinrebe das Fliessen des Saftes gleich beim Beginnen des Thränens vor sich geht, gab in 24 Stunden folgende Ausflussmengen:

Den	1.	April bei	+ 5° bis 10° C.	floss	320	Cc. Saft.	
„	2.	„	5° — 8° C.	„	375	„	
„	3.	„	6° — 18° C.	„	375	„	
„	4.	„	6° — 15° C.	„	530	„	
„	5.	„	14° — 15° C.	„	625	„	[Etwas Saft ist aus-
„	6.	„	16° — 16° C.	„	390	„	serdem verloren ge-
„	7.	„	9° — 17° C.	„	275	„	gangen.]
„	8.	„	9° — 22° C.	„	340	„	
„	9.	„	9° — 16° C.	„	180	„	
„	10.	„	9° — 21° C.	„	33	„	
„	11.	„	9° — 13° C.	„	57	„	
„	12.	„	8° — 13° C.	„	15	„	
„	13.	„	3° — 13° C.	„	3	„	
„	14.	„	4° — 12° C.	„	—	„	
„	15.	„	5° — 11° C.	„	—	„	

Ich habe absichtlich hier den eben angeführten Versuch an einem Aste angegeben, welcher Ast im vorigen Jahre beim Abschneiden seines Endes längere Zeit gethränt, erst später total aufgehört, und welcher dieses Jahr zur nämlichen Beobachtung gedient hatte. Es geschah, um eine Frage zu berühren, welche bis jetzt unbeantwortet geblieben, nämlich: ob die natürlich (beim Thränen) oder künstlich hervorgerufene Undurchlässigkeit für das Wasser in dem Aste etwas Constantes, Uncorrigirbares und Bleibendes, oder Corrigirbares darstellt.

Die Beobachtungen haben gezeigt, dass der einmal für den Saft undurchlässig gewordene Ast nicht getödtet wird und später wieder die Fähigkeit gewinnen kann mit grosser Leichtigkeit Wasser durch sich passiren zu lassen; mindestens ist dies der Fall bei den Aesten, welche mit der Pflanze noch verbunden sind.

An Aesten, welche von der Pflanze getrennt sind, wurden keine Versuche über das Wiederherstellen der Durchlässigkeit angestellt.

Es wäre interessant, die Art und Weise und die Bedingungen zu studiren, unter welchen der Uebergang vom Undurchlässigkeits-Stadium in das andere und umgekehrt zu Stande kommt.

Um noch mehr Ueberzeugung zu gewinnen, dass grade die Undurchlässigkeit des Astes, und nicht etwas Anderes das Thränen desselben zum Stillstand bringt, wurde der betreffende zuletzt erwähnte, 175 Cent. lange Ast vom Stamme abgeschnitten und durch denselben (um seine Durchlässigkeit zu prüfen) Wasser unter einem Drucke von $4^1/_2$ Meter Wasser zu pressen versucht. Dieser Ast liess bei dieser Prüfung kein Wasser durch sich passiren.

Um noch auf eine andere Weise sich zu vergewissern, dass das in der Natur vorkommende Durchgehen des Wassers in der Pflanze und die künstliche Leitung des Wassers bei der Pflanze auf dieselben Folgen hinaus laufen, wurden noch weitere Versuche angestellt.

Es wurde bei einem im Freien wachsenden Rebstock von einem Aste von 150 Cent. Länge (O) und von einem anderen von 220 Cent. Länge (D) zur Zeit des Thränens die Hälfte abgeschnitten und dann die Flüssigkeit, welche aus der bei jeder am Stamme gebliebenen Hälfte von selbst ausfloss, extra gesammelt. Ebenso wurde das Wasser extra gesammelt von den oberen Hälften derselben Aeste (O) und (D), nachdem durch sie künstlich mittelst Druckapparates Wasser durchgeleitet worden war.

Diejenigen Hälften der Pflanzen, welche am Stamme geblieben waren, gaben folgende Ausflussmengen in 24 Stunden

						Ast (O) von 75 Cent. Länge.	Ast (D) von 75 Cent. Länge.
Den	14.	April	zwischen	— 2° und + 4° C.	floss	256 Cc.	146 Cc.
„	15.	„	„	+ 2° — 6° C.	„	122 Cc.	94 Cc.
„	16.	„	„	3° — 7° C.	„	91 Cc.	69 Cc.
„	17.	„	„	8° — 9° C.	„	92 Cc.	67 Cc.
„	18.	„	„	7° — 11° C.	„	101 Cc.	59 Cc.
„	19.	„	„	8° — 12° C.	„	90 Cc.	52 Cc.
„	20.	„	„	11° — 12° C.	„	139 Cc.	45 Cc.
„	21.	„	„	14° — 16° C.	„	87 Cc.	17 Cc.
„	22.	„	„	9° — 10° C.	„	35 Cc.	8 Cc.
„	23.	„	„	8° — 13° C.	„	18 Cc.	7 Cc.
„	24.	„	„	10° — 11° C.	„	12 Cc.	4 Cc.
„	25.	„	„	13° — 16° C.	„	6 Cc.	2 Cc.
„	26.	„	„	16° — 16° C.	„	1 Tropfen	1 Tropfen
„	27.	„	„	14° - 16° C.	„	1 „	1 „
„	28.	„	„	13° — 15° C.	„	0 —	0 —

Die oberen abgetrennten Hälften der eben erwähnten Aeste (O) und (D) haben zu gleicher Zeit bei einer künstlichen Durchleitung des Wassers unter einem Drucke von 2 Meter Wasser in 24 Stunden durch sich gelassen:

			Ast (O) von 75 Cent. Länge.	Ast (D) von 110 Cent. Länge.
Den	14.	April	27 Cc.	23 Cc.
„	15.	„	13 Cc.	15 Cc.
„	16.	„	3 Cc.	6 Cc.
„	17.	„	2 Tropfen.	3 Tropfen.
„	18.	„	2 „	2 „
„	19.	„	1 „	1 „

Die Ausflussmenge bei den Aesten (des letzten Versuches), durch welche das Wasser künstlich durchgepresst wurde, ist im Vergleich mit der Wassermenge, welche aus den anderen (an der Pflanze gebliebenen) Hälften ausfloss, desswegen so gering ausgefallen, weil auch der Druck bei den vom Stamme nicht abgetrennten Aesten bedeutend grösser war, (manchmal bis 900 mm. Hg.) als der Druck (von 2 Meter Wasser), unter welchem in die abgeschnittenen Aeste-Hälften das Wasser gepresst wurde.

Die verhältnissmässig geringe anfängliche Ausflussmenge liesse sich auch noch dadurch erklären, dass die betreffenden Aeste sich schon mit Wasser imbibirt hatten, da das Thränen bei dieser Weinrebe schon 14 Tage gedauert und die betreffenden Aeste schon drei Tage vor ihrer Halbirung zu den Versuchen auf Druckverhältnisse gedient hatten, bei welchen der Saft unter einem starken Drucke (von 500 mm. Hg.) geflossen war.

Die einzige feststehende Erscheinung der Wurzelkraft, welche bis jetzt von sämmtlichen Forschern ohne Ausnahme beobachtet und bestätigt worden ist, ist die, dass bei thränenden Pflanzen die Ausflussmenge des Saftes allmälig abnimmt und dass später das Fliessen überhaupt aufhört.

Nun haben alle unsere an der Weinrebe angestellten Versuche, gleichviel ob sie im Beginne des Thränens oder in späterer Periode ausgeführt, ohne Ausnahme die Richtigkeit der eben erwähnten Beobachtung an thränenden Pflanzen bestätigt; — die Ausflussmenge des Saftes nahm allmälig ab, und später hörte das Fliessen des Saftes überhaupt auf.

Wir wollen nun sehen, auf welche Weise dieses Aufhören des Fliessens von Anderen bis jetzt erklärt wurde.

Das Aufhören des Thränens bei einer abgeschnittenen Sonnenblume, Dahlia und anderen Pflanzen wurde von den sämmtlichen Forschern als ein Zeichen angesehen, dass es bei diesen Pflanzen mit der Wurzelkraft zu Ende sei.

Einer Wurzelkraft wurde in letzterem Falle, als einer Unmöglichkeit, niemals Erwähnung gethan.

Das Aufhören des Fliessens des Saftes bei einem angebohrten oder verletzten Weinrebe,- Ahorn- und Birken-Ast wurde erklärt mit Verstopfung der Gefässe, oder es wurde — was öfter der Fall war — die Erklärung stillschweigend übergangen. Die wenige Beachtung dieser letzten Fälle wurde noch mehr veranlasst durch die stark eingewurzelte Meinung, dass die Versuche über die Wurzelkraft beweisender und reiner seien, wenn die Pflanze möglichst dicht bis an die Erde abgeschnitten ist.

Das Nichtfliessen des Saftes aus einem verletzten Aste bei thränenden Pflanzen wurde bis jetzt im allgemeinen als sicheres Zeichen angesehen, dass bei diesen Pflanzen kein Wurzeldruck mehr vorhanden ist.

Die an im Freien gezogenen Pflanzen ausgeführten Versuche scheinen eine ganz befriedigende Antwort zu geben auf die Frage, warum das Thränen bei Pflanzen aufhöre. Letztere Erscheinung dürfte sich genügend erklären lassen dadurch, dass die bei dem Processe des Thränens gewonnene Undurchlässigkeit des Saftes durch die Aeste als Haupthinderniss für das continuirliche Fliessen des Saftes bei thränenden Pflanzen zu betrachten ist, wobei aber die Wurzelkraft noch sehr gross sein kann, aber nicht im Stande ist, den Widerstand in den Aesten zu überwinden.

Nachdem wir gesehen haben, in welchem Einklange die Erscheinungen des Thränens bei verletzten Pflanzen mit denjenigen der veränderten Durchlässigkeit des Astes für das Wasser stehen, werden wir die Erscheinungen, welche früher allein auf Rechnung des verminderten Wurzeldruckes gesetzt waren, ganz anders beurtheilen müssen.

Aber gegen diese Erklärungen bezüglich des Aufhörens des Thränens könnte man sehr wohl den Einwand machen, dass alles Gesagte ganz richtig sein mag für die Experimente über die Wurzelkraft, in welchen der Stamm und die Aeste stehen gelassen worden waren, aber dass diese Erklärungen vielleicht gar nicht passen auf die Versuche, in welchen die Pflanze bis auf die Erde abgetragen war (die sogenannten reinen Versuche), und in welchem letzten Falle man gar nichts mit den Aesten zu thun hat, und dass sich die Wurzeln hinsichtlich der Leitung und Sättigung mit Wasser ganz anders verhalten könnten, als der Stamm und die Aeste.

Um diesem wohl berechtigten Einwand gerecht zu werden, wurden von mir auch Versuche über die Leitung des Wassers durch die Wurzeln angestellt, und ich will hier gleich als Ergebniss dieser Versuche angeben, dass die Wurzeln bei künstlicher Durchleitung von Wasser oder bei natürlichem Gange des Saftes eine ähnliche Undurchlässigkeit gezeigt haben, wie die Aeste.

Als Beleg für das Gesagte, will ich hier einige Versuche anführen.

Es wurde die Wurzel einer frischen und kräftigen Datura tatula-Pflanze, mit welcher noch ein zehn Centim. langes Stück Stamm in natürlicher Verbindung war, genommen, und durch dieselbe von dem Stamme aus Wasser unter einem Drucke von 2 Meter Wasser gepresst.

Das Wasser, welches anfangs förmlich aus allen kleinen bei der Herausnahme der Pflanze aus der Erde beschädigten Wurzeln strömte, floss später immer spärlicher und hörte endlich nach ein paar Tagen gänzlich auf.

Zu dieser Zeit frisch angebrachte Schnitte an diesen Wurzeln haben gezeigt, dass die dickeren Wurzelstämme Wasser noch reichlich durchliessen, was die dünneren beim Beschneiden zu dieser Zeit nicht mehr thaten. Das Fliessen des Wassers aus den dickeren Wurzeln bewies auch, dass der Wurzelhals und das Stück des Stammes für das Wasser noch leicht passirbar waren.

Um den Verdacht zu beseitigen, dass vielleicht der Stamm oder die Uebergangsstelle vom Stamme zur Wurzel von irgend einem uns unbekannten Einflusse auf die beobachtete Erscheinung an Wurzeln gewesen sei, wurden auch reine Wurzeln (ohne Stamm) zur Leitung des Wassers gebraucht.

Da die meisten meiner Versuche über die Wurzelkraft an Weinrebe angestellt wurden, so wurden zu diesen Versuchen, um unsere Kenntnisse über die Weinrebe zu erweitern, vorzugsweise Wurzeln von Weinrebe genommen.

Zu diesen Versuchen wurden immer nur frische, gleich aus der Erde herausgegrabene Wurzeln genommen und aus ihnen solche ausgewählt, welche möglichst wenig Neben-Aeste hatten und bei ihrer Herausnahme aus der Erde möglichst wenig beschädigt waren.

Tabelle über die Menge des durchgepressten Wassers durch die Wurzeln bei einem Drucke von einer 4½ Meter hohen Wassersäule.

Die erste Ziffer in der Rubrik des Durchmessers der Wurzel bezieht sich auf das dem Wurzelhalse zunächst liegende Ende, die zweite auf das vom Wurzelhalse entferntere Ende. Es floss durch die Wurzeln während 24 Stunden Wasser durch:

Datum.	Temp.	1. Weinrebe-Wurzel 55 Cent. L. und 9—7 mm. Durchmesser	2. Weinrebe-Wurzel von 35 Cent. L. 5—5 mm. Durchmes.	3. Wurzel von Rebe, verästelt, 34 C. Länge, 8—5 mm. Dicke.	4. Weinrebe-Wurzel von 34 Cent. L. 8—6 mm. Dicke.	5. Weinrebe-Wurzel von 58 Cent. L. 5 1/2—5mm. Dicke.	6. Wurzel von Acer negundo 25 Cent. L. 9—4 mm. Dicke.
22. Ap.		750 Cc. und etwas	90 Cc. darüber.	265 Cc.	45 Cc.	25 Cc.	5 Cc.
23. „	+ 10°	715 Cc.	135 Cc.	183 Cc.	24 Cc.	6 Cc.	2 Cc.
24. „	12-11°	560 Cc.	101 Cc.	102 Cc.	7 Cc.	1 Cc.	1 Cc.
25. „	13°	405 Cc.	72 Cc.	95 Cc.	3 Cc.	—	2 Tropfen.
26. „	16°	320 Cc.	65 Cc.	67 Cc.	1 Cc.	—	—
27. „	16°	270 Cc.	40 Cc.	38 Ce.	2 Tropfen.	—	—
28. „	11°	340 Cc.	20 Cc.	3 Cc.	—	—	—
29. „	13°	265 Cc.	24 Cc.	—	—	—	—
30. „	10°	270 Cc.	20 Cc.	—	—	—	—
1. Mai	8-12°	265 Cc.	18 Cc.	—	—	—	—
2. „	10-12°	210 Cc.	18 Cc.	—	—	—	—
3. „	16-10°	175 Cc.		—	—	—	—
4. „	4-15°	115 Cc.	4 Cc.	—	—	—	—
5. „	10°	97 Cc.	4 Cc.	—	—	—	—
6. „	5-13°	77 Cc.	3 Cc.	—	—	—	—
7. „	7-12°	82 Cc.	3 Cc.	—	—	—	—
8. „	7-15°	52 Cc.	4 Cc.	—	—	—	—
9. „	10-18°	15 Cc.	4 Cc.	—	—	—	—
10. „		15 Cc.	7 Cc.	—	—	—	—
11. „	20°	8 Cc.	6 Cc.	—	—	—	—
12. „	20°	1 Cc.	4 Cc.	—	—	—	—
13. „		2 Tropfen.	4 Cc.	—	—	—	—
14. „		1 Tropfen.	4 Cc.	—	—	—	—
15. „		—	4 Cc.	—	—	—	—

Die am Schlusse der Wasserleitung vorgenommene Untersuchung ergab das Nichtvorhandensein von Thyllen.

Aus diesen Versuchen an Wurzeln geht hervor, dass

die Durchlässigkeit für das Wasser bei den Wurzeln im stetigen Abnehmen ist, und dass die dünnen Wurzeln meistens früher eine Undurchlässigkeit für das Wasser zeigen, als die dickeren.

Es wäre interessant, diese auf den ersten Blick sonderbare Erscheinung weiter zu verfolgen und sie bei der Untersuchung der Wurzelkraft im Auge zu behalten, um so mehr, als wir schon gesehen haben, dass das Wasser aus dem Stamme in die Wurzel mit Leichtigkait eindringen kann, ohne vom Wurzelhalse aufgehalten zu werden. Die dünneren Wurzeln wären darnach möglicher Weise eine Art Schutzapparat, um das Wasser, welches die Pflanze sich mit so viel Mühe und Anstrengung verschafft hat, nicht zurück in die Erde fliessen zu lassen.

Gelegentlich der Versuche über die Wurzeln will ich hier angeben, dass Wurzeln, welche einige Zeit lang im Zimmer gelegen hatten (nicht mehr frisch waren), eine andere Gesetzmässigkeit für das Ausfliessen von Wasser durch sich zeigen, als die frischen, und ausserdem dass bei ihnen das ausfliessende Wasser immer etwas braungelb ist, im Gegensatz zu den frischen Wurzeln, bei welchen es immer klar und ungefärbt ausfloss.

So gab z. B. eine frische Wurzel von einem Pflaumenbaume folgende Ausflussmenge von Wasser: Nach den ersten 24 Stunden 152 Cc.; den zweiten Tag 17 Cc.; den dritten 2 Cc.; den vierten Tag kein Wasser mehr; während eine andere, nach der Grösse eine ziemlich gleiche, und von demselben Pflaumenbaum genommene Wurzel, welche vorher 12 Tage im Zimmer gelegen hatte, bei gleichen Bedingungen des Druckes folgende Reihe der in je 24 Stunden ausgeflossenen Wassermenge gab: 77 Cc.; 87 Cc.; 65 Cc.; 35 Cc.; weitere Beobachtungen darüber fehlen wegen Zerbrechung des Apparates, in welchem diese Wurzeln beobachtet wurden; aber aus diesen Versuchen geht schon deutlich hervor, dass die anfängliche Abnahme der Ausflussmenge von Wasser bei frischen und bei nicht frischen Wurzeln sehr verschieden ist.

Ich wollte nun weiter noch prüfen, in wie fern die bei künstlicher Durchleitung des Wassers durch die Wurzeln gewonnenen Thatsachen eine Aehnlichkeit mit den oder eine Anwendung auf die Wurzeln der im Freien gezogenen Pflanzen haben können.

Die Versuche haben eine solche Aehnlichkeit, wie wir gleich sehen werden, bestätigt.

Bei einem abgeschnittenen Helianthus anuus, bei welchem die Flüssigkeit in dem auf den Stamm aufgesetzten Rohre fortwährend stieg, wurde eine der Wurzeln (von circa 2 mm. Dicke) abgeschnitten. Gleich darauf fing die Flüssigkeit an, aus dem verwundeten (mit dem Stamme aber verbundenen) Wurzeltheile zu tröpfeln und in der auf den Stamm aufgesetzten Röhre, statt wie früher, zu steigen, nunmehr zu sinken.

Den zweiten Tag, als die verwundete Wurzel kein Wasser mehr durch sich liess (wahrscheinlich war die Wurzel gesättigt), begann die Flüssigkeit auch in der auf dem Stamme sitzenden Glasröhre zu steigen.

Andere ähnliche Versuche bei thränenden Helianthus anuus- oder Datura tatula-Pflanzen, bei welchen eine oder mehrere Wurzeln im Momente, als die Flüssigkeit in der aufgesetzten Röhre im Begriffe des Steigens war, zerschnitten wurden, haben immer ein sofortiges Sinken der Flüssigkeit gezeigt, unmittelbar von da an, als die Durschneidung bewerkstelligt wurde.

Diese Versuche zeigen unter anderem auch, dass bei diesen Pflanzen der Wurzelhals keinen grösseren Widerstand gegen den Durchgang des Wassers vom Stamme her zu den Wurzeln leistet, als die übrigen Theile der Pflanze.

Aus diesen Versuchen ist auch zu entnehmen, wie vorsichtig man sein muss mit den Schlüssen über die Ursachen des Fliessens oder Nichtfliessens des Saftes bei thränenden Pflanzen, und dass das Nichtthränen nicht sofort gleich als ein Zeichen der Abwesenheit der Wurzelkraft anzunehmen ist.

Es kann ein Wurm eine Wurzel an- oder abfressen und den Forscher bei seinen Schlüssen irre führen.

Baranetzky (Seite 29) rühmt sich, bei seiner Untersuchung über die Periodicität des Thränens einen grossen Fortschritt gemacht zu haben, indem er für seine Thermometer eine neue und gute Stelle gefunden zu haben glaubte.

Er setzte bei seinen Versuchen an Topfpflanzen die Thermometer in das dichte Wurzelgeflecht([1]), welches bekanntlich an der Innenfläche der Topfwand sich befindet. Baranetzky macht Hofmeister grosse Vorwürfe, welcher seine Thermometer bei ähnlichen Versuchen etwas gegen die Mitte des Topfes einsetzte.

Bedenkt man, wie schwer, ja unmöglich es ist, durch die so reiche Verflechtung von Wurzeln von im Topfe gezogenen Pflanzen ohne Verletzung derselben mit Thermometer einzudringen, so kann man sich leicht vorstellen, wie oft Baranetzky durch sein Stecken der Thermometer in dieses Wurzelgeflecht nagende Würmer ersetzt hatte.

Er hatte keine Ahnung davon, dass durch diese von ihm als Verbesserung begrüsste Untersuchungs-Methode eine Verschlechterung eintrat.

Baranetzky hat niemals bei seinen Versuchen ein sofortiges Steigen der Flüssigkeit in dem auf die abgeschnittene Pflanze aufgesetzten Rohre gesehen, sondern zuvor immer ein Sinken, und erst später ein Steigen beobachtet, trotz der starken Begiessung seiner Pflanzen. — Es ist sehr wahrscheinlich, dass durch die Verletzung der Wurzeln durch den Thermometer die Flüssigkeit aus den verwundeten Wurzeln so lange in die Erde drang, bis diese Wurzeln für die Flüssigkeit undurchlässig wurden, worauf dann das Steigen der Flüssigkeit in dem auf dem Stumpf aufgesetzten Rohre zum Vorschein kam (wie das bei unseren Versuchen künstlich hervorgerufen wurde).

Nach dem eben Angeführten, wird es rathsam sein, bei den Untersuchungen dieser Art beim Einsetzen des

(1) S. 29. «Da, wo sich die Hauptmasse der thätigen Wurzeln befindet.»

Keimlings in die Erde zu gleicher Zeit das Thermometer in dieselbe mit einzusetzen, um dadurch die Verletzung der Wurzeln zu vermeiden, wenigstens die vom Forscher selbst nicht beabsichtigte.

Die Leitungsversuche an den Wurzeln haben also noch mehr die Ansicht bestätigt und verallgemeinert, dass die Passirung des Saftes bei allen Versuchen über die Wurzelkraft (sie mögen an Pflanzen, bei welchen Stamm und Aeste geblieben oder entfernt sind, angestellt werden), von enormem Einflusse sind auf das Bild, welches die Erscheinungen der Wurzelkraft in ihrem Verlaufe uns zeigt.

Ich will hier noch aufmerksam machen auf eine interessante Thatsache, welche bei künstlicher Durchleitung des Wassers, bei Wurzeln, wie bei Aesten, hervortritt, nämlich, dass einige von den in den Apparat gesetzten Aesten und Wurzeln nicht continuirlich ein Abnehmen des ausgeflossenen Wassers zeigen, sondern ohne jeglichen bemerklichen Grund einen Tag plötzlich mehr Wasser durch sich passiren lassen, als sie es einen Tag vorher gethan hatten, obgleich die Druck-, Temperatur- und anderen Bedingungen dabei anscheinend dieselben geblieben waren, und obgleich die neben sie unter gleichen Bedingungen gestellten Aeste und Wurzeln im selben Apparate weder jetzt noch jemals während der ganzen Dauer des Versuches etwas Aehnliches gezeigt haben. Solche, sagen wir, Ausnahmeäste und -Wurzeln zeigten dann weiter wieder wie die anderen Wurzeln ein stetiges Abnehmen des ausfliessenden Wassers, um dann später ein oder zwei Mal wieder eine Zunahme anstatt einer Abnahme des Ausflusses zu zeigen.

Diese Beobachtung gibt eine Andeutung für eine nicht rein passive Rolle der Pflanze bei der Erleichterung oder Erschwerung der Durchlässigkeit für das Wasser durch dieselbe.

Von welchen Bedingungen oder von welchem Zustande der Pflanze grade diese Ausnahms-Erscheinung abhängig ist, konnte ich noch nicht ermitteln.

Diese Thatsache verdient um so mehr Beachtung, als ähnliche Unregelmässigkeit in dem Abnehmen des Aussflusses auch bei den thränenden Pflanzen zu beobachten ist, und als diese Unregelmässigkeit bis jetzt nur auf die Veränderung der Stärke der Wurzelkraft geschoben worden ist, wobei den Aesten ein Einfluss auf diese Erscheinung gar nicht zugetraut wurde, was einigermassen doch möglich sein kann.

Die Gefässwände der Pflanze, welche ihrem Ursprunge nach umgewandelte stickstoffhaltige Zellen sind, enthalten einige Tage nach ihrer kurzdauernden Ausbildung keinen Stickstoff mehr, weisen kein Wachsthum und im allgemeinen kein Lebenszeichen auf.

Sollten die Wände der Gefässe wirklich die Leitungswege für das Wasser sein, so wäre durch die obige Thatsache angedeutet, dass die (ausserdem schon sonderbaren und nur für passiv gehaltenen nach einigen Autoren stickstofffreien) Gewebe auch activ sein können.

Als unzertrennlicher Begleiter des Thränens ist der in der Pflanze herrschende Druck oder die Spannung noch in Betracht zu ziehen.

Die Grösse dieses Druckes während der Thränzeit ist bei der Weinrebe beträchtlichen Schwankungen unterworfen, indem der Druck positiv ebenso wie negativ sein kann.

Die grösste Höhe des positiven Druckes kann (gegen die einmal geherrscht habende Meinung) bedeutend mehr betragen, als der gewöhnliche Athmosphären-Druck, indem er ein Mal bei mir die Höhe von 920 mm. Hg. erreichte.

Was den negativen Druck anbelangt, so wurde er bei den Versuchen an Weinrebe auch beobachtet; war aber niemals tiefer als 200 mm. Hg. unter 0 gesunken.

Etwas längere Zeit fortgesetzte Beobachtungen haben gezeigt, dass der Druck, trotz der vorkommenden Schwankungen im Ganzen und Grossen allmälig sinkt und später (in der Sommerzeit), in den negativen Druck übergeht.

Vier von mir im Frühjahre an den Weinreben angestellte und zwei Monate fortgesetzte manometrische Beobachtungen haben diesen Uebergang vom positiven Druck in den negativen gezeigt.

Schwankungen des Druckes während des Tages wurden auch von mir beobachtet, obgleich dieselben nicht regelmässig jeden Tag vorkamen.

Diese täglichen Schwankungen scheinen vom Beginne des Versuches an mit dem Fortschreiten desselben in ihrer Grösse abzunehmen, und später bei noch vorhandenem grossen positiven Druck auf 0 reducirt zu werden.

Die Grösse der täglichen Druckschwankungen ist, wie wir sehen werden, auch sehr verschieden. Der Druck kann während eines ganzen Tages positiv bleiben und dabei Schwankungen in der Höhe zeigen, aber er kann in einem Tage von einem positiven in einen negativen übergehen. Ein Mal wurde beobachtet, dass ein Ast, welcher in der Früh einen positiven Druck von + 320 mm. Hg. aufwies, gegen Abend in einen negativen (von — 200 mm. Hg.), und hierauf den anderen Tag wieder in einen positiven überging.

Ich will hier ein paar Versuche über die Druckverhältnisse bei der Weinrebe einschalten.

Den 29. April 1877 wurde an dem seit zwei Jahren auf Saftausfluss beobachteten und jetzt an seiner Ausgangsstelle vom Stamme abgeschnittenen Aste ein Hg.-Manometer aufgesetzt.

Das Quecksilber stieg rasch im Manometer und erlangte die Höhe von 650 mm. Hg.

Den 30. Ap. früh war der Druck +920 mm. Hg. und Abends nur 740 mm. Hg.
Den 1. Mai früh war der Druck +910 mm. Hg. und Abends nur 710 mm. Hg.

„ 4.	„	„	740	„
„ 6.	„	„	530	„
„ 7.	„	„	520	„
„ 8.	„	„	540	„
„ 9.	„	„	510	„
„ 12.	„	„	480	„
„ 13.	„	„	480	„
„ 14.	„	„	480	„
„ 15.	„	„	475	„
„ 16.	„	„	470	„
„ 17.	„	„	460	„
„ 18.	„	„	450	„
„ 19.	„	„	445.	„
„ 20.	„	„	440.	„
„ 21.	„	„	420.	„
„ 22.	„	„	410.	„

Die Beobachtungen wurden hier abgebrochen.

Um zu sehen, ob der Druck in der Pflanze richtig immer abnimmt, je höher das Manometer an der Pflanze angebracht wird, wurde den 15. Mai von dem eben erwähnten Stamme ein neuer, nur 70 Centimeter höher gelegener Ast als der erst beobachtete, abgeschnitten.

Aus der Schnittwunde tröpfelte der Saft, aber das Niveau des Hg. in dem Manometer des Astes, welcher 70 Cent. tiefer unten sass, sank nicht um ein Haar (zeigte immer 475 mm. Hg.), trotzdem dass aus dem frisch abgeschnittenen Aste der Saft während 6 Stunden laufen gelassen war, und ein Ausgleich und eine Veränderung des Druckes auch stattfinden konnte.

Als nach sechsstündigem Fliessen des Saftes auf diesen höher gelegten Ast ein Manometer aufgesetzt wurde, stieg in demselben das Hg. auf 300 mm.

Der Druck war:

		früh		Abends			
Den 16.	Mai	+ 460	mm. Hg.	negativ	und zeigte	— 60	mm. Hg.
„ 17.	„	320	„	„	„	—200	„
„ 18.	„	140	„	„	„	+100	„
„ 20.	„	140	„	„	„	+ 90	„
„ 21.	„	55	„	„	„	+ 55	„
„ 22.	„	50	„				

Man könnte denken, dass vielleicht in den letzten Versuchen der Druck mit seinen Schwankungen im höher gelegenen Aste desswegen so sehr verschieden sich verhielt gegenüber dem anderen an derselben Pflanze angebrachten Manometer, weil das letzte früher aufgesetzt war, und weil vielleicht mit der Zeit der Druck nicht so deutlich und schnell zum Vorschein kommen konnte, wie im Anfange des Versuches. Um diesen Verdacht zu beseitigen, wurde ein ähnlicher Versuch, wie der frühere an einer Weinrebe angestellt mit dem Unterschiede, dass auf beiden zu untersuchenden Aesten am selben Tage die Manometer aufgesetzt wurden. An einem grossen Weinstocke entsprangen auf derselben Höhe in der Entfernung von 10 Cent. von einander, zwei gleich alte Aeste, von denen einer (A) 2½ Meter lang, vertical bis auf die Erde herunter hing, und der andere (B) sich nach oben richtete.

Den 18. Mai wurde der nach der Erde hängende Ast (A) an seinem Ende abgeschnitten und auf die Schnittfläche ein Manometer aufgesetzt.

Das Quecksilber im Manometer stieg auf 100 .mm. und fiel später gegen Abend auf 15 mm. Hg.

Zu dieser Zeit, Abends, wurde auch der Zweig (B) abgeschnitten und auf ihm ein Manometer aufgesetzt. In beiden Ästen stand Abends das Hg. auf O.

Weiter zeigten die beiden Äste folgende Druckhöhen:

Den 19. Mai zeigte (A) einen Druck:

Um	7	Uhr	Morgens von	+ 360	mm. Hg.	und (B)	+ 200	mm. Hg.
„	10		„	+ 350		„	+ 35	„
„	3	„	Nachmttgs.	+ 220		„	— 30	„
„	6	„	Abends	+ 270		„	— 40	„

Den 20. Mai:

Um	7	Uhr	Morgens von	+ 230	mm. Hg.	und (B)	+ 80	mm. Hg.
„	9		„	+ 210		„	— 15	„
„	6	„	Abends	+ 110		„	— 50	„ .

Den 21. Mai:

Um	9	Uhr	Morgens von	+ 90	mm. Hg.	und (B)	— 45	mm. Hg.
„	12	„	Mittags	+ 90		„	— 55	„
„	3	„	Nachmttgs.	+ 80		„	— 55	„
„	6	„	Abends	+ 80		„	— 55	„

Den 22. Mai:

Um	9	Uhr	Morgens von	+ 80	mm. Hg.	und (B)	+ 22	mm. Hg.
„	1		„	+ 80		„	0	„

Den 28. Mai:

Um 12 Uhr Mittags von + 70 mm. Hg. und (B) + 60 mm. Hg.

Weiter wurden die Beobachtungen nicht fortgesetzt.

Nun tritt zunächst bei diesen Versuchen die Frage heran: wie verhalten sich mehrere an einer und derselben Pflanze angebrachte Manometer zu einander? Verhalten sie sich wie unter sich communicirende Gefässe, oder anders? Wenn, wie wir gesehen haben, von zwei Manometern, welche, auf einer und derselben Pflanze in einer Entfernung von 70 Cent. auf zwei verschiedenen Aesten sitzend, längere Zeit der eine einen positiven Druck von 460 mm. Hg. zeigt, während in dem anderen gleichzeitig ein negativer Druck von 200 mm. Hg. besteht, so ist daraus zu entnehmen, dass gewisse, obgleich nahe aneinander liegende Abtheilungen der Pflanze gegenüber den in der Pflanze herrschenden Druck ziemlich isolirt erscheinen.

Nach dieser Beobachtung verliert auch die Angabe Brücke's den Werth, dass der Druck in der Pflanze überall derselbe sei, wenn man nur den Druck der Luft- und Wasser-Säule in Berechnung ziehe, in einer Höhe, welche der Niveau-Differenz zwischen zwei beobachteten und berechneten Manometern entspricht.

Wenn die Beobachtungen einige Male gezeigt haben, dass die Aeste bezüglich des Druckes isolirt zu sein scheinen, so haben andere Versuche das Entgegengesetzte gezeigt, indem man an auf verschiedene Aeste eines und derselben Weinstockes angebrachten Manometern beliebig das Steigen oder das Sinken der Hg. Säule hervorrufen konnte, je nachdem Hg. in eines oder das andere von den Manometern hineingegossen wurde. Der Ausgleich des Niveau in beiden Manometern geschah ziemlich rasch, obgleich nicht plötzlich, woraus auf die Leichtigkeit der Communication zwischen zwei Manometern sich einigermassen schliessen lässt.

In Bezug auf Druck kann man, wie das nachstehende Beispiel zeigt, die Pflanze mit gewissem Vorbehalt als ein geschlossenes Gefäss betrachten, in welchem der Druck so lange nur besteht, als das Gefäss nicht verletzt wird.

Ein hochstehendes Manometer-Niveau sank oft in ein paar Minuten auf O, nachdem ein anderer Ast von dem beobachteten Weinstock abgeschnitten, und auf diese Weise das Geschlossensein des Gefässes, welches die Pflanze representiren soll, aufgehoben worden war.

Aber dieses Beispiel, wo der starke Druck bei der Verletzung eines anderen als des untersuchten Astes derselben Pflanze auf O fällt, mahnt uns, dass man besonders vorsichtig sein muss mit den Schlüssen auf die Möglichkeit des Vorhanden- oder Nichtvorhandenseins des Druckes bei einer Pflanze.

Der Druck und das Ausfliessen des Saftes bei der Pflanze stehen wahrscheinlich in irgend einer Beziehung zu einander, eine Beziehung, welche nicht so leicht zu ermitteln ist.

Ich will hier einen interessanten Versuch einschalten, welcher den Zusammenhang zwischen Druck und Ausfluss des Saftes andeuten, und auch die leichte Communication für das Wasser zwischen Stamm und Wurzel, bei thränenden Pflanzen beweisen soll:

Bei einem etwa 50 Cent. über der Erde abgeschnittenen Helianthus anuus, bei welchem die Flüssigkeit in dem auf den Stamm aufgesetzten Rohre fortwährend stieg, wurde eine vom Stamme über der Erde entspringende Wurzel (von ca. 2 mm. Dicke), bis auf 2 Cent. vom Stamme entfernt abgeschnitten. Gleich darauf fing die Flüssigkeit an, aus dem Wurzelstumpfe zu tröpfeln und in dem auf den Stamm aufgesetzten Rohre, statt wie früher weiter zu steigen, seit dieser Wurzelverletzung immer zu sinken. Als auf den Wurzelstumpf ein circa 50 Cent. langes Glasrohr senkrecht aufgebunden wurde, blieb das Flüssigkeits-Niveau in dem Rohre des Stammes so lange stehen, bis ihm das Niveau des Rohres am Stumpfe gleichkam, worauf auch das früher vor dem Abschneiden der Wurzel begonnene und für kurze Zeit nur aufgehaltene Steigen der Flüssigkeit, jetzt zugleich in beiden Röhren sich fortsetzte.

Die Durchleitung des Wassers durch die Aeste und Wurzeln, hat andeutungsweise den Weg, durch welchen das Wasser in der Pflanze passiren kann, gezeigt, aber weder mit Præcision diese Angabe bewiesen, noch bestimmt angegeben, in welchem Zusammenhange die verschiedenen Bahnen der Pflanze unter einander stehen, ob sie communiciren oder nicht etc.

Im Allgemeinen ist dieses Capitel der Botanik ein zu wenig berührtes.

Manche betrachten die verschiedenen Aeste der Pflanze als unter sich communicirende Gefässe, in welchen auch das Niveau der Flüssigkeit sich nach den dazu passenden Gesetzen richten müsse.

Um diese Frage näher zu prüfen, wurden folgende Versuche gemacht:

Es wurden zur Thränzeit zwei nach Alter und Grösse ziemlich gleiche Weinrebe-Aeste genommen, welche sich an einem gemeinsamen, nur ein Jahr älteren Ast befanden.

Beide Aeste wurde gleich kurz abgeschnitten, auf den einen wurde ein kurzes Rohr aufgebunden, während auf den anderen Ast ein 150 Cent. langes Glasrohr senkrecht aufgesetzt wurde.

Sollten diese zwei zum Versuch vorbereiteten Aeste sich als communicirende Gefässe verhalten, so müsste der Saft nur aus dem kurzen Rohre ausfliessen und gar nicht aus dem Rohre heraustreten, welches ein um 150 Cent. höheres Niveau zeigte. Der Versuch ergab aber, dass zur Zeit, als die Flüssigkeit aus dem mit kurzem Rohre versehenen Rebzweig floss, das lange Rohr sich mit Flüssigkeit sehr bald füllte, worauf später aus dem langen Rohre die Flüssigkeit übertrat. Später, während der ganzen Dauer des Versuches, floss aus den beiden Zweigen eine ziemlich gleiche Menge von Saft aus, indem das Abnehmen und das Aufhören des Fliessens auch ziemlich auf dieselbe Weise geschah.

Ein anderer Versuch, in welchem, anstatt wie vorher Rohre von verschiedener Länge auf die Aeste aufzusetzen, die Niveaudifferenz dadurch erzeugt wurde, dass ein nach oben gerichteter Ast bedeutend länger gelassen wurde als der andere von selbem Stamm entspringende, hat auch gezeigt, dass das Fliessen des Saftes aus beiden Aesten, und nicht allein aus dem tiefer liegenden zu Stande komme, was geschehen müsste, wenn es die Gesetze der communicirenden Röhren zu befolgen gehabt hätte.

Diese Versuche sprechen deutlich, dass wenn auch alle Theile der Pflanze in gewisser Communication unter sich für das Wasser stehen können, die Pflanze doch bei der Thränzeit besondere Wege bei jedem Aste zu besitzen scheint.

Man könnte doch denken, dass vielleicht der Saft zu gleicher Zeit aus vielen auf verschiedenen Höhen gelegenen Aesten aus dem Grunde floss, weil der Pflanze zur Thränzeit so im Uebermass Wasser zugeführt wird, dass ihr die Zeit zu kurz wird, eine Gleichmässigkeit in der Vertheilung dieses herbeigeführten Wassers zu Stande zu bringen, und dass die Pflanze, obgleich ein communicirendes Gefäss darstellend, den Anschein einer Zusammensetzung von isolirten Gefässen hat, wie dies z. B. auch zu sehen ist, wenn zwei grosse unter sich mittelst einer engen Röhre communicirende Gefässe längere Zeit auch nicht in Ausgleich kommen, trotz des grossen Niveau-Unterschiedes, welcher in den beiden Gefässen herrschen kann.

Für eine gewisse Unabhängigkeit der Wege bei der thränenden Weinrebe für den Saft sprechen noch mehr folgende Versuche.

Es wurde ein dreijähriger 30 Cent. langer Ast vom Weinstocke zur Thränzeit zur Beobachtung genommen. Von diesem Aste entsprangen in der Entfernung von 10 Cent. von einander drei andere gesunde zweijährige Aeste. Nachdem der abgeschnittene oberste Ast wie gewöhnlich stark thränte, und nach einiger Zeit zu thränen aufgehört hatte, wurde auf die nämliche Weise der gleich unter ihm sitzende Ast abgeschnitten. Der zweite Ast liess beim Abschneiden sofort stark in derselben Menge und Weise Saft ausströmen, wie der vorherige Ast.

Nachdem der zweite Ast nach einer gewissen Zeit wie der erste zu thränen aufgehört hatte, wurde der dritte (am tiefsten liegende) abgeschnitten und aus ihm strömte auch viel Saft im Anfange und wie gewöhnlich fast gar nichts nach einigen Tagen.

Dieser Versuch zeigt am eclatantesten, dass es bei der Weinrebe (mindestens zur Thränzeit) in dem Stamme, auf welchem die 3 Aeste sassen, besondere Wege gab, welche vom Wasser für jeden ihm entspringenden Ast extra eingeschlagen wurden.

Wenn der Ast, auf welchem die drei Zweige sassen, nicht isolirte Wege für jeden einzeln derselben besitzen sollte, so müsste der gemeinsame Ast durch das Thränen des ersten Zweiges schon so gesättigt und für den Saft so undurchlässig geworden sein, dass ein späteres Thränen der zwei übrigen Zweige nicht hätte erfolgen können, was jedoch im Gegentheil der Fall war.

Ich will gerade hier gleich eine Beobachtung angeben, bei welcher die Aeste bezüglich des Ausflusses wie unter sich communicirende Gefässe sich verhielten.

Ich sah bei einem 4 Meter hoch über der Erdoberfläche sich erhebenden Rebzweig bei seinem Anschneiden am oberen Ende so lange Saft in grossen Mengen ausströmen, bis der demselben Stamme angehörige über 3 Meter tiefer liegende Ast abgeschnitten war, worauf das üppige Saftfliessen im höher gelegenen Ast gleich aufhörte, in dem unteren aber fortdauerte, also den Gesetzen der communicirenden Röhren scheinbar entsprechend.

Diese wenigen Versuche, in welchen die Pflanzentheile sich zu einander bald wie communicirende, bald wie isolirte Gefässe verhielten, zeigen, dass in dieser Hinsicht, wie bezüglich der Spannung, in der Pflanze noch viele Versuche anzustellen sind, bevor man darüber in's Klare kommen kann.

Gelegentlich des Thränens der Weinrebe will ich hier noch Beobachtungen angeben über die Zeitdauer, welche der Saft braucht, um beim Beginne des Thränens in den verschiedenen Querschnitten des aufrecht stehenden Stammes anzulangen.

An einem circa 15 Jahr alten stattlichen senkrecht aufgerichteten, drei Meter hohen und 7 Cent. dicken Weinrebestamm wurde das erste Zeichen des Thränens am 31. März wahrgenommen, wobei nur ein ganz dicht an der Erde angebrachter Einschnitt Saftaustritt zeigte, während über diesen Einschnitt an der Pflanze angebrachte trocken blieben. Erst 6 Tage später zeigte sich der Saft auch auf einer Höhe von $2^1/_2$ Meter, wobei er an manchen Tagen kaum die Strecke von 30 bis 40 Cent. gewonnen hatte.

Andere Weinstöcke haben ein ähnlich langsames Aufsteigen des Saftes in die Höhe wie der vorherige gezeigt.

Als Anhang will ich hier noch eine Beobachtung über die Weinrebe angeben, welche die Frage berührt, ob die oberirdischen Theile der Pflanze (Blätter und Aeste) direct Wasseraufnehmen können, oder nicht. Bei der Weinrebe ist es sehr wahrscheinlich geworden, mindestens insofern, als folgender Versuch einen solchen Schluss erlaubt. Ein gabelförmiger frischer und belaubter Zweig von Weinrebe wurde mit einem seiner unverletzten Zweig-Enden in's Wasser gesetzt. Die Blätter von dem andern Zweig welkten nicht, sondern wurden mehr als eine Woche im Zimmer frisch erhalten.

Nachdem wir das Ausfliessen des Saftes und die Druckverhältnisse bei thränenden Pflanzen näher kennen gelernt und gesehen haben, in welcher Uebereinstimmung die Erscheinungen beim Thränen mit der gefundenen Undurchlässigkeit der Aeste für das Wasser sich befinden, werden wir die die Wurzelkraft begleitenden Erscheinungen ganz anders beurtheilen können, als sonst.

Treffen wir z. B. zur Thränzeit eine thränenfähige Pflanze, welche, obgleich genügend mit Wasser versorgt, bei ihrer Verletzung nicht thränt, so müssen wir vorsichtig sein, bevor wir dieser Pflanze die Wurzelkraft absprechen, und werden ebenso die Wurzelkraft nicht sofort für stark halten bei einer Pflanze, welche sehr viel Flüssigkeit ausströmen lässt. Die veränderte Durchlässigkeit der Aeste allein genügt, ohne weitere dabei in Spiel kommende Umstände, bei vorschnellen Schlüssen viele Irrthümer mit sich zu bringen.

Das über den Ausfluss des Saftes Gesagte ist giltig ebenso für die Schlüsse über Druckverhältnisse in der Pflanze als für die gemeinschaftliche Thätigkeit dieser zwei Agenten.

Ich habe z. B. gesehen, dass ein Rebast, welcher über 300 Cc. Wasser in 24 Stunden ausströmen liess, nur 320 mm. Hg. Druck zeigte, und dass ein Rebast, aus welchem nur 5 Cc. Saft in 24 Stunden ausfloss, den Druck von 900 mm. Hg. aufwies.

Desswegen betone ich hier noch einmal, dass das Nichtfliessen des Saftes aus einem Aste bei einer Pflanze durchaus nicht als Beweis gelten kann, dass die Pflanze in diesem Momente keinen Wurzeldruck besitzt, oder dass sie todt sei, wie das bis jetzt oft bei den Versuchen angenommen wurde. Der Druck kann sehr stark sein, ohne die sich ihm darbietenden Widerstände überwinden zu können.

Man hat früher gedacht, dass die Wurzelkraft eine Eigenschaft nur weniger Pflanzen sei (Weinrebe, Ahorn, Birke); später hat man diese Ansicht verworfen und ausgesprochen, es sei ein Gemeingut fast aller höheren Pflanzen.

Wenn die eine Gruppe der Forscher Unrecht hatte, so hat auch die andere nicht vollkommen Recht, indem sie ihren weitumfassenden Ausspruch, dass alle höhere Pflanzen Wurzelkraft besitzen, auf eine kaum grössere Zahl von Beobachtungen basirt, als die Forscher, welche die frühere Ansicht ausgesprochen haben.

Bei der Durchmusterung der Literatur fällt einem gleich auf, dass die Beobachtungen über die Wurzelkraft noch verhältnissmässig an sehr wenigen Pflanzenarten gemacht worden sind.

Eine ausgedehnte Prüfung, ob alle höheren Pflanzen die sogenannte Wurzelkraft besitzen oder nicht, könnte uns vielleicht Licht in den räthselhaften Vorgang bringen.

Um diesem Bedürfniss etwas nachzukommen, wurden von mir viele Pflanzen auf das Vorhandensein der Wurzelkraft geprüft.

Es zeigte sich niemals ein Saftausfluss bei folgenden Pflanzen: Taxus baccata, Aesculus hypocastaneum, Syringa vulgaris, Glycine chinensis, Hibiscus syriacus, Aristolochia sipho, Ampelopsis quinquefolia, Gymnocladus canadensis, Sambucus nigra, Clematis vitalba, Arundo donax, Canna, Thuja, Humulus Lupulus, Menispermum, Ficus carica, Hedera helix, Mahonia.

Alle diese Pflanzen wurden geprüft im Frühjahre, zur Zeit der Entwickelung ihrer Knospen, und als die Weinrebe in vollem Thränen begriffen war. Alle diese Pflanzen haben Wasser aus den auf sie gesetzten Röhren verschieden stark gesogen, aber niemals ein Steigen der Flüssigkeit gezeigt.

Ich will durchaus nicht bestreiten, dass alle hier eben erwähnten Pflanzen unter anderen uns jetzt noch unbekannten Umständen sogenannte Wurzelkraft zeigen können.

Beobachtet wurde die Wurzelkraft von mir ausser an der Vitis vinifera, an welcher hauptsächlich die Versuche gemacht worden sind, auch an: Cannabis sativa, Datura tatula, Zea mais, Dahlia, Nicotiana tabacum, Brassica oleracea, Helianthus anuus und Helianthus tuberosus.

Bei allen diesen letztgenannten Pflanzen sah ich die Flüssigkeit im aufgesetzten Rohre gleich in die Höhe gehen, ohne ein vorheriges von Manchen behauptetes Sinken, was übrigens manchmal der Fall ist.

Ich will hier nicht Alles von mir an diesen Pflanzen Beobachtete detaillirt angeben; es wäre ja nur ein werthloses Wiederkauen bekannter Sachen, um so weniger als diese Versuche zu meiner eigenen Belehrung und zur Controlirung der Angaben von anderen Autoren angestellt wurden.

Im Freien gezogene Canna-Pflanzen haben bei einem Aufsetzen der Röhre niemals ein Steigen oder ein Saugen von Flüssigkeit gezeigt. Sie zeigten an ihrem oberen abgeschnittenen Ende ein herausgequollenes Klümpchen Schleim. Erwachsene Triebe von Arundo donax sogen Wasser aus dem Ansatzrohre, aber zeigten niemals ein Steigen der Flüssigkeit im Rohre.

Da zu diesen Versuchen erwachsene Triebe von Arundo donax gebraucht wurden, so wollte ich auch sehen, wie sich die jungen Triebe hinsichtlich der Wurzelkraft verhalten. Aber ganz junge Sprossen (von 30 Cent. Länge) von Arundo donax im Frühjahre geprüft, haben ebenfalls keine Wurzelkraft gezeigt.

Bei den im Freien gezogenen Canna- und Arundo donax-Pflanzen hat sich glänzend bestätigt alles, was die Durchleitung von Wasser durch diese Pflanzen erwarten liess.

Mit der gefundenen Undurchlässigkeit des gepressten Wassers bei Arundo donax und bei den unteren Knoten von Canna, und mit dem Ausbleiben der Wurzelkraft-Erscheinungen bei diesen Pflanzen, drängt sich die Frage auf, in welcher Weise diesen Pflanzen das Wasser zugeleitet wird? Haben diese Pflanzen einen Wurzeldruck (der aber sehr stark sein muss, um die grossen Widerstände in den Knoten zu überwinden und welcher Druck oberhalb derselben gar nicht zum Vorschein kommt) oder besitzen diese Pflanzen keine Wurzelkraft und bedürfen sie derselben nicht, indem sie sich das nöthige Wasser auf eine andere, uns noch unbekannte Weise verschaffen?

Nach den Ergebnissen der Leitung von Wasser durch die Aeste werden auch manche wohlbekannte Erscheinungen, deren Erklärung bis jetzt unmöglich war, verständlich.

Als Anhang will ich einige solcher Erscheinungen vornehmen:

Es giebt Pflanzen, welche, wenn sie aus der Erde herausgenommen, und gleich sammt den Wurzeln in's Wasser oder in nasse Erde gesetzt werden, welken, und dagegen frisch bleiben, wenn sie ohne Wurzeln mit ihrem abgeschnittenen Stammesende in's Wasser gesetzt werden.

Der Grund dieser Erscheinung ist wenig erforscht und aufgeklärt worden.

Diese Erscheinung mag nach unseren Durchleitungs-Versuchen folgendermassen erklärt werden.

Die Durchlässigkeit der verwundeten kleinen Wurzeln für das Wasser wird sehr bald aufgehoben und die Pflanze bekommt dadurch nicht genügend Wasser, um ihre Transpiration zu decken, während die gleiche am Stamme abgeschnittene und in Wasser gesetzte Pflanze genügend Wasser zu der Transpiration bekommt, da die Undurchlässigkeit für das Wasser in den kleinen Wurzeln früher als im Stamme auftritt.

Das praktisch so sehr sich bewährt habende Bedecken der frisch versetzten Pflanzen mit einer Glocke, dient als Ausgleichungsmittel für die veränderte Durchlässigkeit des Wassers in den verletzten Wurzeln und Aesten.

Dass die Glocke die Transpiration der Pflanze in diesem Falle vermindert, ist eine längst anerkannte Sache, nur wusste Niemand den richtigen Grund, wozu diese Verminderung der Transpiration nöthig war, resp. warum die natürliche Transpiration schädlich sein und warum man ihr nicht genügend nachhelfen könne durch einen starken Ueberschuss an Wasser.

Es gibt Pflanzen, deren Blumen oder Blätter, sobald sie zu welken begonnen haben, nicht mehr straff werden, wie es andere Pflanzen thun, wenn sie in's Wasser gesetzt worden sind.

Das sich-Biegen solcher welkenden Pflanzen gab Veranlassung zu prüfen, ob das Biegen der Aeste nicht von einer Compression oder Ausdehnung der Gefässwände begleitet ist, welche dann ihrerseits die Durchlässigkeit des Wassers beeinträchtige.

Zu diesem Zwecke wurde folgender Versuch angestellt:

Es wurde ein 220 Cent. langer, zweijähriger Rebast, welcher im Freien ganz vertical hing, keine Zweige besass und fast überall dieselbe Dicke von 6—8 mm. hatte, genommen.

Durch diesen Ast, welcher so gebogen gehalten wurde, dass seine zwei Enden sich berührten, wurde Wasser unter einem Drucke von einer 4½ Meter hohen Wassersäule durchgepresst.

Die ersten 24 Stunden liess der so gebogene Ast
über 60 Cc. Wasser durch
Die zweiten 24 St. „ 19 Cc.

Gleich darauf wurde der Ast ausgestreckt und danach ergab sich folgende Ausflussmenge in je 24 Stunden —

Die ersten 24 Stunden 6 Cc.
Die zweiten 24 Stunden 2 Tropfen.
Die dritten 24 Stunden —
Die vierten 24 Stunden —

Dieser Versuch ergab also, dass das Ausstrecken eines gebogenen Astes und also vielleicht auch das Biegen desselben von keinem Einflusse ist auf die gefundenen Gesetze der Durchleitung des Wassers.

Hier wurde absichtlich das Wasser gesammelt, zuerst aus dem gebogenen Ast, und dann aus dem ausgestreckten, um nicht die gewöhnliche Abnahme der Durchlässigkeit als eine Folge des Biegens des Astes annehmen zu müssen.

Gelegentlich des Welkens der Pflanzen will ich hier eine Beobachtung anknüpfen.

Ein Hollunderast, auf welchem zwei in ihrer Entwickelung, Grösse, etc. gleiche Blumen einander gegenüber standen, wurde in's Wasser gesetzt. Das Welken, welches vor der Entwickelung der Blumen eintrat, war zuerst an einer Blume bemerklich, und erst drei Tage später welkte die gegenüberstehende Blume. Gleiches wurde an mehreren solchen Hollunder-Blumen beobachtet. Wäre das Welken der Hollunder-Blume in diesem Falle durch die Undurchlässigkeit der Aeste für das Wasser verursacht worden, so hätten diese Beispiele deutlich gezeigt, dass das Wasser für jede Blume und jeden Ast schon von unten her separat geleitet wird.

Schon längst wurde es ausgesprochen, dass, so verzweigt ein Baum sei, und so sehr der Durchmesser aller dieser Zweige zusammen den des Stammes übertreffe, so sei doch die Zahl sämmtlicher Gefässe in den Aesten nicht grösser, als die Zahl der Gefässe in dem Stamme des Baumes selbst.

Sollte, wie die Versuche andeuten, jeder Ast für sich isolirte Wege für das Wasser besitzen, so wäre der eben ausgesprochene und bestrittene Satz einigermassen berechtigt.

Fassen wir nun zum Sclusse die Hauptergebnisse dieser Untersuchung zusammen, so tritt deutlich hervor, dass in den Erscheinungen der Wurzelkraft bis jetzt immer ein wichtiger Factor mit im Spiele war, dessen Existenz und Einfluss die Forscher gar nicht ahnten und den sie desswegen weder irgend in Rechnung gezogen, noch dem sie die ihm gebührende Wichtigkeit eingeräumt haben.

Dieser Factor, nämlich die Veränderlichkeit der Durchlässigkeit des Wassers durch die Pflanze, ist eigentlich dasjenige, was den Wurzelkraft-Erscheinungen hauptsächlich eine gewisse Gesetzmässigkeit verleiht.

Nachdem wir so oft gesehen haben, in welch' innigem Zusammenhange mit den Ercheinungen der Wurzelkraft die Thatsachen stehen, welche bei der Durchleitung des Wassers durch die Aeste gewonnen sind, und nachdem wir die hohe

Bedeutung des Wassers für die Pflanze anerkennen, ist wohl leicht einzusehen, dass unsere Durchleitungsversuche, indem sie die Wurzelkraftlehre berühren, zu gleicher Zeit auch einen Beitrag zur wichtigen Frage über die Beziehungen der Pflanze zum Wasser liefern.

Diese eben ausgesprochene Ansicht scheint um so mehr berechtigt zu sein, als die Wurzelkraft mit ihrer Ursache, welche einfach oder complicirt sein mag, doch in letzter Instanz den Hauptzweck hat: für die Pflanze das nöthige Wasser zu besorgen.

Von dieser Seite aufgefasst und bearbeitet, wird die Wurzelkraftlehre auf einen neuen und fruchtbaren Weg gebracht werden, auf welchem wiederum neue Gedanken und neue Gesichtspunkte über diesen räthselhaften Vorgang zu erwarten sind.

Wirft man einen Blick auf die Experimente, so kann Einem nicht entgehen, wie mannigfaltig schon die wenigen Pflanzenspecies bei Durchleitung des Wassers oder der Luft sich verhielten.

Es ist wohl zu erwarten, dass mit der Ausdehnung dieser Experimente auf mehrere Pflanzenspecies noch mehr von diesen Unterschieden gefunden werden, besonders wenn bei den Versuchen die Bedingungen, unter welchen sie angestellt werden, passend gewechselt werden; denn es wurden vergleichende Versuche fast gar nicht angestellt, wie sich die Durchlässigkeit verschiedener Aeste bei Leitung des Wassers verhält unter einem starken oder schwachen Drucke dann bei jüngeren oder älteren Aesten, bei dauernder Kälte oder Wärme etc.

Versuche dieser Art lassen hoffen, dass vielleicht die Verschiedenheiten, welche wir jetzt nur an der Form und Structur der Blüthe und Blätter einer Pflanze sehen, im Zusammenhange stehen mit dem Vermögen, Saft leichter oder schwerer zu leiten, und dass von dieser Seite könnte ergänzt werden, was anatomisch schon angedeutet aber nicht erklärt werden konnte.

Je mehr man im Allgemeinen überlegt, auf welche Weise, in welchem Maasse, bei welcher Gelegenheit etc. Pflanzen von den bei Durchleitung des Wassers gefundenen Thatsachen Gebrauch machen können, desto mehr leuchtet die Tragweite und Ausdehnung ein, die eine in dieser Richtung vorgenommene Untersuchung zu haben verspricht.

Man wäre vielleicht darnach ganz berechtigt an das Auftauchen eines neuen ausgedehnten Capitels der Pflanzen-Physiologie zu denken: das der Leitung des Wassers bei der Pflanze.

Der Umfang, welchen die Untersuchung in dieser Richtung annehmen kann und das Interesse, welches sie für die Botanik zu besitzen scheint, bewogen mich, meine wenigen Versuche — einigermassen Probestücke — über die Durchleitung des Wassers der wissenschaftlichen Welt ohne der wünschenswerthen Ausarbeitung mitzutheilen.

Dr. **Alexis Horvath.**

Strassburg, den 11. Juli 1877.

MIX
Papier | Fördert gute Waldnutzung
FSC® C083411

Zeitfracht Medien GmbH
Ferdinand-Jühlke-Straße 7
99095 Erfurt, Deutschland
produktsicherheit@kolibri360.de